云数据安全关键技术

田俊峰 著

科学出版社

北京

内 容 简 介

本书在简述云计算、大数据概念及密码学相关技术的基础上，主要介绍作者在数据持有性证明、数据确定性删除、云存储数据的一致性、抵抗同驻攻击、虚拟机迁移方面的研究成果。主要包括：可撤销的无证书数据持有性证明方案、关联标签的云数据完整性验证方案、多方参与的高效撤销组成员审计方案、基于属性基加密的高效确定性删除方案、面向优化数据中心结构的一致性协议设计、面向数据中心安全的一致性协议、基于 Shamir 的虚拟机放置策略、存储开销的抵御同驻攻击的数据分块加密备份方案、基于哈希图技术的跨数据中心虚拟机动态迁移方案等。

本书可以作为信息安全及相关专业高年级本科生和研究生的参考书，也可供从事信息安全相关研究和开发的人员阅读参考。

图书在版编目（CIP）数据

云数据安全关键技术 / 田俊峰著. — 北京：科学出版社，2023.10
ISBN 978-7-03-076628-1

Ⅰ . ①云… Ⅱ . ①田… Ⅲ . ①云计算－网络安全－研究
Ⅳ . ①TP393.08

中国国家版本馆 CIP 数据核字（2023）第 194848 号

责任编辑：陈　静　霍明亮 / 责任校对：胡小洁
责任印制：师艳茹 / 封面设计：迷底书装

科学出版社出版
北京东黄城根北街 16 号
邮政编码：100717
http://www.sciencep.com

北京华宇信诺印刷有限公司印刷
科学出版社发行　各地新华书店经销
*

2023 年 10 月第　一　版　开本：720×1000　1/16
2024 年 3 月第二次印刷　印张：13
字数：259 000
定价：118.00 元
（如有印装质量问题，我社负责调换）

前　　言

近年来，云计算的发展伴随着各种新兴技术的出现，使社会资源被网络化和数据化改造，随之而来的是多元、海量数据的爆炸式增长。为了降低管理成本和方便共享，人们逐渐放弃了需要消耗用户大量资源的本地数据存储，转而选择云存储。云存储技术是在云计算的概念上发展而来的一个新概念，旨在通过互联网为用户提供更加优质的存储服务。云存储的普遍应用为组织及个人提供无处不在的移动存储服务，减轻了用户端数据存储的负担并降低了用户维护成本。

然而用户的数据一旦外包到云，其拥有权和控制权会分离，存储资源由云服务提供商控制。云中的数据容易遭受内外部的攻击，也存在平台故障和人为错误导致用户数据被破坏的可能，因此，数据的安全性也成为本领域热点。一方面，数据的安全性会带来诸多问题，甚至威胁用户的隐私和财产安全；另一方面，它可能会影响用户对云服务的信任，从而阻碍云计算的发展。

云计算平台为用户提供动态可扩展的计算和存储资源，用户间通过虚拟机共享这些资源，这种方式在提高物理资源利用率的同时，也带来了新的安全问题。保证虚拟机整个生命周期内的安全是实现云平台可信的基础，尤其是当虚拟机发生迁移后，如何确保目标平台的可信性和虚拟机可信状态的一致性是虚拟机整个生命周期安全管理需要解决的重点问题。传统的可信计算技术中并没有针对该问题的解决方案，导致虚拟机安全管理的功能缺失。虚拟机安全迁移以现有可信计算技术为基础，保证虚拟机从云计算平台原计算节点迁移到目标计算节点后，仍然可以保持其可信状态的一致性和连续性，从而实现虚拟机生命周期内的可信度量。

对此，本书从云存储的数据安全和虚拟机安全两个角度出发，基于云存储数据面临的挑战，进行云存储数据的持有性证明、云存储数据的确定性删除、云存储数据的一致性证明、虚拟机放置和迁移安全方面的研究。

本书是作者所在的研究组近几年在云数据安全方面的阶段成果总结，很多思想方法是在作者的指导下，由作者的研究生在完成科研项目和学位论文的过程中产生的，这些成果的产生得益于他们的创新性研究和勤奋努力，在此对他们表示衷心的感谢！

本书共7章，第1章由田俊峰、王志丹、白如新等撰写，第2章由白如新、白文庆撰写，第3章由杨茜、宋倩倩、王浩宁撰写，第4章由白如新、张天锋撰写，第5章由杨乾宇、白文庆、贾浩义撰写，第6章由白如新、张天锋撰写，第7章由侯正奇撰写，全书由田俊峰统稿和审校。第1章对云计算相关概念、大数据安全相关问题进行介绍。第 2 章对密码学及相关技术进行简要介绍。第 3 章从数据持有性证明方面进行介绍，主要包括目前的研究现状及关于数据持有性证明的三种具体方案。第 4 章从数据确定性删除方面进行介绍，主要包括目前的研究现状及基于属性基加密的方案。第 5 章从云存储数据的一致性证明方面进行介绍，主要包括目前的研究现状及面向优化数据中心结构和安全的一致性协议。第 6 章和第 7 章介绍虚拟机安全放置及迁移的相关方案。

本书的部分研究内容得到了河北省自然科学基金重点项目（编号：F2016201244）、河北省自然科学基金项目（编号：F2021201049）、河北省科技研发平台建设专项项目（编号：22567638H）、河北省自然科学基金京津冀基础研究合作专项项目（编号：F2021201058）、河北省教育厅重点项目（编号：ZD2015088）的资助，特此致谢。

由于作者水平有限，书中难免有不足之处，恳请读者批评指正。

作　者

2022 年 6 月

目　　录

第1章 云计算与大数据概述

1.1 云计算的产生与发展

随着科技的快速发展，云计算(cloud computing)逐渐出现在人们的视野中，给人们的生产生活带来极大的便利。而对于云计算从何而来，众说纷纭。有一种说法是，云计算起源于 2006 年亚马逊推出的 AWS(amazon web services)服务，也有人说云计算是 Sun Microsystems 在 2006 年 3 月推出的 Sun Gird，但是如果追其根源，早在 1996 年，Compaq(康柏)计算机公司内部的商业计划书中就可以看到 cloud computing 这一字眼。现阶段，很多大型企业如亚马逊、谷歌、微软、戴尔、国际商业机器公司(International Business Machines Corporation，IBM)、百度、阿里等都在研究云计算技术和基于云计算的服务，云计算俨然已成为继个人计算机变革、互联网变革之后的第三次信息技术(information technology，IT)浪潮，给生产、生活方式和商业模式带来根本性的改变。在全球云计算快速发展的时代，我国也面临着巨大的机遇，出台了多项政策支持并推动云计算产业的发展。2012 年 9 月，《中国云科技发展"十二五"专项规划》详细规划了"十二五"期间云计算的发展目标、任务和保障措施。2015 年 11 月，《云计算综合标准化体系建设指南》提出了由"云基础"、"云资源"、"云服务"和"云安全"四个部分组成的云计算综合标准化体系框架。2016 年 7 月，《国家信息化发展战略纲要》明确云计算作为国家信息化发展战略中的核心地位。2016 年 8 月 8 日，《"十三五"国家科技创新规划》又进一步强调要构建完备的云计算生态和技术体系，支撑云计算成为新一代信息通信技术(information and communications technology，ICT)的基础设施。2018 年 7 月提出的《扩大和升级信息消费三年行动计划(2018—2020 年)》中指出推动中小企业业务向云端迁移，到 2020 年，实现中小企业应用云服务快速形成信息化能力，形成 100 个企业上云典型应用案例。可见，未来云计算将持续升温，全面覆盖各行各业，其发展趋势不可阻挡。

1.2 云计算的相关概念

1. 云计算的定义

维基百科将云计算定义为：云计算是一种基于互联网的新的计算形式，它根据需要向计算机和其他设备提供共享的计算机处理资源及数据。美国国家标准与技术研究院(National Institute of Standards and Technology，NIST)对云计算的定义是：一种按使用量付费的模式，这种模式提供可用的、便捷的、按需的网络访问，进入可配置的计算资源共享池(资源包括网络、服务器、存储、应用软件、服务)，这些资源能够被快速提供，只需要投入很少的管理工作，或与服务供应商进行很少的交互[1]，这也是现阶段被广为接受的一种定义。

从云计算的服务角度来看，云计算表现为三大服务模式、四种部署模型和五个基本特征[2]，如图1.1所示，下面将简要地进行介绍。

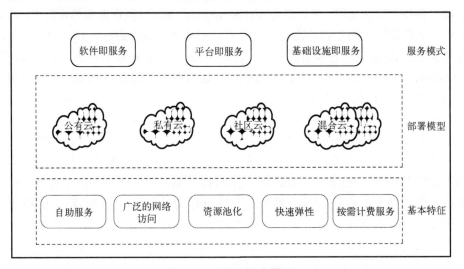

图 1.1　云计算概念模型

2. 云计算的服务模式

云计算的服务模式包括软件即服务(software as a service，SaaS)、平台即服务(platform as a service，PaaS)和基础设施即服务(infrastructure as a service，IaaS)，分别对应软件层、平台层和基础设施层，云服务提供商(cloud service provider，CSP)将IT系统中的这些层作为服务租给用户。

3. 云计算的部署模型

云计算的部署模型包括公有云、私有云、社区云和混合云四种，分别具备独特的功能，可以满足用户不同的需求。

公有云：在这种模式下，云服务提供商提供给用户免费的或按需求、按使用量付费的服务，这些服务可能是应用程序、资源、存储或其他服务，同时需要保证所提供资源的安全性等非功能性需求。

私有云：私有云是企业自建自用的云计算中心，可能由企业自己管理，也可能托管于第三方机构，其提供的服务可以让用户更好地掌控云基础架构、改善安全与弹性，但纠正、检查等安全问题需要企业自己负责。

社区云：由具有相同诉求(如安全要求、云端使命、规章制度、合规性要求等)的众多组织掌控和使用，社区成员共同使用云数据及应用程序。

混合云：由两个或两个以上不同类型的云(公有云、私有云、社区云)组成，通常使用其各自的特点应用于不同场景中。如目前最流行的公有云和私有云构成的混合云，当私有云资源短暂性需求过大时，可自动租赁公有云资源来平抑私有云资源的需求峰值。

4. 云计算的基本特征

云计算是分布式计算、并行计算、效用计算、网络存储、虚拟化、负载均衡、热备份冗余等传统计算机和网络技术发展融合的产物，具有很多优势，其基本特征如下所示。

(1)自助服务。消费者不需要或很少需要云服务提供商的协助，就可以单方面地按需获取云端的计算资源。

(2)广泛的网络访问。消费者可以随时随地使用任何云终端设备接入网络，并使用云端的计算资源。常见的云终端设备包括手机、平板电脑、笔记本计算机、掌上电脑(personal digital assistant，PDA)和台式机等。

(3)资源池化。云端计算资源需要被池化，以便通过多租户形式共享给多个消费者，也只有池化才能根据消费者的需求动态分配或再分配各种物理的和虚拟的资源。消费者通常不知道自己正在使用的计算资源的确切位置，但是在自助申请时允许指定大概的区域范围(如在哪个国家、哪个省或者哪个数据中心(data center，DC))。

(4)快速弹性。消费者能方便、快捷地按需获取和释放计算资源，也就是说，需要时能快速地获取资源从而扩展计算能力，不需要时能迅速地释放资源以便降低计算能力，从而减少资源的使用费用。对于消费者来说，云端的计算资源是无限的，可以随时申请并获取任何数量的计算资源。

(5)按需计费服务。消费者使用云端计算资源是要付费的，付费的计量方法有很多，如根据某类资源(如存储、中央处理器(central processing unit，CPU)、内存、网络带宽等)的使用量和时间长短计费，也可以按照每使用一次来计费。但不管如何计费，对消费者来说，价码要清楚，计量方法要明确，而服务提供商需要监视和控制资源的使用情况，并及时输出各种资源的使用报表，做到供/需双方费用结算清楚。

1.3　云计算与大数据的关系

近年来，云计算的发展伴随着各种新兴技术的出现，使社会资源被网络化和数据化改造，随之而来的是多元、海量数据的爆炸式增长，这些数据可能来自社交网络、访客记录、购物浏览记录等，是一个用户过往行为的反映，因此人们也开始对大数据背后隐藏的价值感兴趣，希望通过运用先进的算法从大数据中挖掘和创造价值。

大数据具有 4V 特征即容量(volume)、多样(variety)、价值(value)、速度(velocity)[3]，这对处理大数据的技术具有一定的要求，其规模效应给数据存储、数据管理及数据分析带来极大的挑战。

云存储技术是在云计算的概念上发展出来的一个新概念，云存储与云计算几乎是同时兴起的，旨在通过互联网为用户提供更加优质的存储服务。云存储用户可以随时随地使用终端设备通过网络连接到云存储数据中心,方便地进行数据存取操作,其优势可以满足信息数据爆炸时代的人类对数据存储的需求,且具有较高的性价比。因此，大数据的发展需要云计算和云存储。可以说，云计算和云存储与大数据相辅相成、密不可分，云计算和云存储作为承载大数据的基础架构，对海量的数据进行存储、分析、处理，深度挖掘大数据价值，通过云计算架构和模型为大数据提供解决方案。

然而，随着云计算与大数据技术的日益发展，数据的安全性也成为领域热点。一方面，数据的安全性会带来诸多问题，甚至威胁用户的生命和财产安全；另一方面，它可能会影响用户对云服务的信任，从而阻碍云计算的发展。

1.4　可　信　计　算

1.4.1　可信计算的背景

随着智能平台技术的发展，计算机网络的规模不断扩大，网络终端的数量也急剧增加，使得对于信息安全保护的难度增加。因此如何保证终端和网络传输中信息的安全性就成为人们迫切需要解决的一个关键问题。

传统的终端信息安全问题解决方案采用的是访问控制技术，网络传输过程中则采用加密的方式。即在终端接入时根据终端的身份采取相应的接入控制措施，分配相应的控制权限。并借助防火墙、杀毒软件及入侵检测系统来保护终端信息的安全。在网络传输过程中利用加密和消息认证码来保护传输的消息不被泄露与篡改。但随着网络应用数量的不断增加，网络环境下的安全事故层出不穷，新的攻击手段也不断出现。为了应对这种安全威胁，人们不断地对防火墙系统、入侵检测系统、杀毒软件等防御软件进行加固升级，导致了防火墙和病毒库的臃肿，同时也增大了系统入侵检测的开销，而且使得系统误报率也不断增高。显著地降低了系统的执行效率，增加了硬件的负载。

对现有的安全问题及解决方案进行深入研究和分析就可以发现，目前的解决方案都具有以下缺点。

（1）被动性：只有在病毒入侵或者系统遭到破坏时才做出响应。

（2）防外性：目前采取的解决方案中，主要针对来自网络外部的攻击，而忽略了来自内部的攻击。

（3）对终端防护的疏忽：现有的防护措施主要是通过对数据进行加密来保护网络传输数据的安全的，而忽略了存储在终端的密钥的安全性及平台的完整性。

除此之外，由于现有终端设备的软、硬件结构都相对固定，造成系统资源可以被无序地利用，这也是造成网络攻击容易发生的原因之一。

1.4.2 可信计算概述

基于以上原因，可信计算组织（trusted computing group，TCG）提出了可信计算（trusted computing，TS）的概念。可信计算的基本思想是基于特殊的密码计算硬件——可信平台模块（trusted platform module，TPM），通过可信软件栈及相应的支撑软件，借助密码技术及可信链知识，保护终端的完整性、真实性及数据的安全性，同时保护整个计算机网络环境。可信计算借助严格的访问控制和密钥管理机制来保证可信接入的安全，并且保证只有满足完整性和真实性检测的终端才能够访问网络中的资源。

可信计算是一门包含密码学、硬件技术、操作系统（operating system，OS）、应用软件、网络协议等相关技术的学科。同时也是信息安全领域中的一门重要的学科。

TCG 对可信计算的定义是如果一个实体是可信的，那么它的行为总是以期望的方式、朝着预期的目标运行。该定义体现了一种自下而上的研究方法。

1.4.3 可信平台模块功能组件体系结构

TPM 功能组件体系结构如图 1.2 所示，下面详细介绍 TPM 内部功能组件的作用。

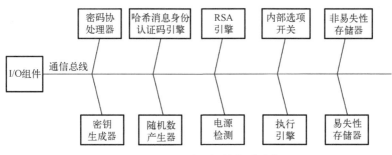

图 1.2 TPM 功能组件体系结构

（1）I/O 组件：该组件用来管理 TPM 通信线路上的信息流，实现通信总线上的协议编码及解码功能。该组件还具有类似路由的功能，可以将信息发送给合适的组件。TPM 中相关的访问控制协议及必需的访问控制函数也可以由该组件执行。

(2)RSA(非对称加密算法，由 Rivest、Shamir、Adleman 三人共同提出，并以三人姓氏开头字母命名)：RSA 是目前使用最广泛的非对称密码算法，该算法可以用于签名，以及数据的加密、解密等功能。在 TPM 中，所有密钥均由 RSA 引擎产生，主要包括签名密钥、绑定密钥、存储根密钥(storage root key，SRK)及身份证明密钥(attestation identity key，AIK)。RSA 引擎可以支持的密钥长度为 512bit、1024bit、2048bit、4096bit。其中存储根密钥和身份证明密钥长度至少需要达到 2048bit。

(3)密码协处理器：密码协处理器用来在 TPM 内部实现相关的密码操作。TPM 使用传统的 RSA 非对称算法对数据进行加密和解密操作，而 TPM 中密码相关算法主要有哈希函数 SHA-1 算法，RSA 非对称加密、解密、签名算法，随机数生成算法。将来 TPM 有可能使用更加高效的非对称密钥算法来替代 RSA，如椭圆曲线算法或者数字签名算法(digital signature algorithm，DSA)。此外，TPM 在其内部进行加密操作时有时会使用对称密钥，但是 TPM 并不会泄露任何的对称密钥，用户也无法使用对称密钥进行操作。

(4)密钥产生器：密钥产生器组件用来产生 RSA 密钥对和对称密钥，其中对称密钥用户无法使用，仅仅在 TPM 内部使用。生成非对称密钥时，TPM 会对该密钥进行一定的保护，如使用存储根密钥或者存储密钥对非对称密钥进行加密。某些类型的密钥可以将公钥读取出来，但是私钥必须保存在 TPM 保护区内，只能用于限定的操作，不可读取也不可以更改。

(5)哈希消息身份认证码(Hash message authentication code，HMAC)引擎：用于哈希消息认证码计算。HMAC 引擎对 TPM 提供两种操作，对消息进行完整性证明及对认证数据的知识提供证据。HMAC 引擎使用 SHA-1 算法作为哈希函数，使用内部填充(ipad)或外部填充(opad)进行填充。

(6)随机数生成器：用于产生各种计算中所需的随机数。如签名中所需的随机数及密钥生成器中的随机数等。随机数生成器最大可以生成 4096bit 二进制随机数，既可以是正数也可以是负数。该随机数生成器主要使用硬件产生随机数，但也可以使用算法产生伪随机数。

(7)电源检测：管理 TPM 电源的状态。

(8)内部选项开关：用于对 TPM 提供保护措施和相关的机制。可以控制 TPM 处于开启/关闭、可用/不可用、激活/不激活的状态。

(9)执行引擎：接收从 I/O 组件得到的命令，并执行命令相应的程序代码来控制 TPM 运行相应的操作。

(10)非易失性存储器：又称为永久存储器，用于存储 TPM 中一些关键信息和永久性身份，如 SRK、用户授权数据等。

（11）易失性存储器：用于存储临时信息，平台配置寄存器（platform configuration register，PCR）就存储在易失性存储器中。

1.4.4　信任链

信任链是可信计算中的核心内容之一，是保证可信平台完整性的基础。TCG 中的信任链的概念是：在终端的控制权转移过程中，可信度量根（root of trust for measurement，RTM）首先度量和比较组件的完整性并验证组件的真实性，如果验证通过，那么系统将继续执行下一级组件的验证。重复执行，直到可信度量范围延伸至整个系统。信任链的创建过程如图 1.3 所示，其中 CRTM 为信任链的核心信任根模块（core root trust module），BIOS 为基本输入输出系统（basic input/output system），OS 为操作系统，OS Loader 为操作系统引导程度。

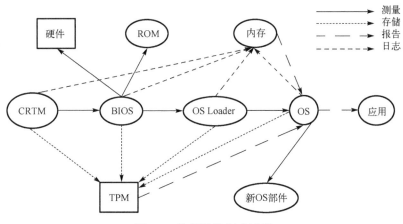

图 1.3　信任链的创建过程

在信任链的建立与传递过程中涉及以下三个概念：信任根、完整性度量、PCR。下面将对这些概念做详细的介绍。

1. 信任根

TCG 定义了可信计算平台的 3 个可信根：首先是用于度量平台完整性的可信度量根（RTM）；其次是存储度量报告的可信存储根（root of trust for storage，RTS）；最后是用于验证用户合法性的可信报告根（root of trust for reporting，RTR）。

（1）RTM：用于度量可信平台组件和配置的完整性，并生成报告，存储于 RTS 之中。在可信平台启动时完整性度量是最先执行的代码，通过一级信任一级的信任传递的方式将信任链传递到整个平台。在整个度量过程中，每个阶段首先完成本阶段的度量，并将度量值保存到 PCR 中，然后把控制权传递给下个阶段。重复执行这个过程直到操作系统完全启动。

(2)RTS：保护所有处于 TPM 存储器中的密钥和数据。所有密钥的操作和管理均要通过 RTS，其中包括密钥的生成、加密、解密及其他密钥管理操作。

(3)RTR：用于验证用户身份的合法性，通过验证的用户可以获取 TPM 保护区域中的密钥和数据，这些数据包括 PCR 和永久存储器中受保护的数据，并且可以验证这些数据的真实性。

在可信计算整个信任链机制中，RTM 主要负责平台的完整性度量工作，将度量结果生成报告并发送给 RTS。由 RTS 提供安全可信的储存空间。当用户要求验证身份合法性时，RTR 把度量信息加密后发送给验证方。RTM、RTR 和 RTS 协同工作，通过度量平台的完整性、完整性报告的安全存储及完整性的验证来证明可信平台是按照期望的方式运行的。

2. 完整性度量

完整性度量过程是对可信平台相关组件及操作系统内核等重要部件进行度量并获取摘要值的操作。得到度量值之后，将度量值与期望值进行比较，验证可信平台的完整性，并保证系统内核的重要数据不被篡改。

完整性度量工作结束后，平台生成两部分数据，分别是度量摘要和度量值列表。度量摘要是存储在 PCR 中的系统内核的散列值。度量值列表是存储在 TPM 安全存储区域的配置文件和执行代码的完整性信息。

完整性报告是使用平台生成的 AIK 对 PCR 中的完整性度量值进行签名，验证方通过验证签名来验证平台的身份，同时通过 PCR 值的对比验证平台的完整性。

3. PCR

PCR 是一个用来存储平台完整性度量值的存储区域，长度为 160bit。所有的 PCR 值都存储在 TPM 的安全存储区域内，且每一条 PCR 都有一个相关的状态标识域。在 TPM 中，PCR 中完整性度量值的更新操作通过加密的哈希算法对所有的更新进行哈希运算来实现，从而可以使用有限的 PCR 存储空间来存储可信平台的完整性信息。一般来说，可信平台至少需要提供 16 条 PCR 储存空间，随着可信计算技术的不断发展，为了支持动态完整性度量的特性，TCG 对 TPM 1.2 规范做出规定，将 PCR 储存空间扩展至 24 条。其中 PCR[0]~PCR[15]主要用于静态完整性度量值的储存，扩展的 PCR[16]~PCR[23]用于存储动态完整性度量值及对可信操作系统提供支持。PCR[0]~PCR[23]的功能如图 1.4 所示，图中 ROM 为只读存储器(read-only memory)，OEM 为原始设备制造商(original equipment manufacturer)，i/OS 为 IBM System i 操作系统。

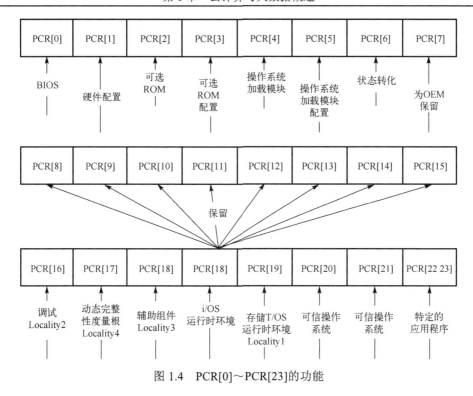

图 1.4　PCR[0]~PCR[23]的功能

1.4.5　密钥与证书管理

密码技术是可信计算技术的核心，也是可信计算平台实现安全保障的基础。在可信计算中密码技术主要实现以下功能：数据的安全存储、用户身份认证、数据传输的机密性、平台的完整性及平台硬件环境配置的正确性，从根本上阻止病毒和黑客的攻击。

1. 密钥类型与功能

TCG 在 TPM 1.2 规范中规定了 7 种密钥，每种密钥都有固定的用途，7 种密钥可以根据用途大致分为两种类型：签名和加密。而对称密钥不在 7 种密钥之中，对称密钥只用于 TPM 内部作为鉴别密钥单独使用，与用户无关。出于安全需求，在可信平台中非对称密钥长度要求至少是 2048bit。同时密钥还有一个重要属性是可迁移性，可迁移的密钥可以在可信平台之间进行迁移，使得密钥可以在授权用户（authorized user，AU）的不同设备中使用。TCG 规范中的 7 种密钥类型如下所示。

（1）存储密钥：主要用于保护 TPM 内部生成的密钥和外部管理的密钥及数据。存储密钥使用树形结构，其中位于树根的是 SRK。SRK 在用户创建时自动生成，是一个特殊的存储密钥，用于保护和管理平台的重要数据与密钥，SRK 也就是可信平台的 RTS。

(2)签名密钥：用来对数据或消息进行签名的非对称密钥，其中公钥可以读取并单独使用，私钥则存储在 TPM 保护区域，只能用于签名，不可以读取。

(3)AIK：通过对 PCR 值进行签名，在 TPM 1.2 规范中用来替代背书密钥(endorsement key，EK)对平台的身份和环境配置做出真实性证明。AIK 是不可以迁移的密钥。

(4)绑定密钥：用于加密可信平台中的小型数据，可以在本地解密，也可以通过密钥迁移在另一个平台中解密。

(5)EK：可信平台身份的唯一标识，生成于平台的生产过程中，存储在 TPM 内部存储区域中。EK 主要用于解密用户的授权数据及 AIK 相关数据，不能用于其他的签名和加密操作。

(6)鉴别密钥(authentication keys)：TPM 内部使用的密钥，主要用于保护 TPM 传输会话的对称密钥。

(7)继承密钥(legacy keys)：在 TPM 1.1 规范中定义的密钥，在 TPM 1.2 规范中已经不再使用，但是为了兼容旧的应用程序而保留。继承密钥生成在 TPM 之外，只有在使用时才载入 TPM，主要用于加密在平台之间传递的数据。

2. 证书

可信计算中证书机制和密钥机制相辅相成，共同作用以保证平台的安全、可信。TCG 定义了 5 种证书，统一只用 ASN.1 编码，每种证书仅提供一个特定操作的必要信息。TPM 1.2 规范中证书类型包括以下几种。

(1)验证证书：该证书由某个可信的机构发布，证明评估者认可可信平台的评估标准。该证书中主要包含平台型号、平台版本号、平台制造者、评估者等。

(2)背书证书：该证书是证明 TPM 身份的唯一证据，其中包含 TPM 制造者、TPM 型号、TPM 版本号和 EK 公钥。为了保证 EK 的安全性，除了生成 AIK，其他时间都不应该使用 EK。

(3)平台证书：该证书用于确认平台的制造者，并且描述平台的属性信息。证书中主要包含平台型号、平台版本号、平台制造者、验证证书等。

(4)确认证书：该证书用于确认平台中某个组件。证书主要包含组件生产商名、组件型号、组件版本号和度量值等。

(5)AIK 证书：该证书用于提供平台的真实性信息，验证方通过验证 AIK 签名来验证平台的真实性。平台使用 AIK 对 PCR 值进行签名，验证方使用 AIK 证书对签名进行验证。其中 AIK 证书由一个可信的第三方颁布，如 privacy CA。

可信平台通过使用这些证书和密钥来实现平台的完整性验证、真实性证明及重要数据的安全存储。可信计算体系中，由 TPM 生成的完整性度量值、真实性证明信息及所有重要数据都由 TPM 提供保护，只有攻破 TPM 防护才能窃取或篡改这些数据。因此 TPM 为整个系统提供安全保护和可信基础。

3. 密钥存储管理机制

TPM 拥有易失性存储器和非易失性存储器，因此密钥的存储方式有两种：易失性密钥存储和非易失性密钥存储。易失性存储适用于保存系统正在使用的临时密钥。非易失性密钥存储适用于存储长期使用的密钥，关闭电源后密钥仍然存在。

对于非易失性存储的密钥，可以在系统内存中通过加密的方式存储，以保证密钥的安全性，也可以存储在 TPM 内部存储空间。存储在 TPM 内部的密钥可以加密存储也可以不加密，TPM 拥有的防护特性可以保证密钥不会泄露。

TPM 密钥管理遵循 TCG 发布的 TPM 1.2 规范。整个密钥管理模式是以 SRK 为密钥管理和安全存储的基础。存储在 TPM 外部的密钥都直接或间接地处于 SRK 的保护之下，这些被加密存储的密钥称为密钥数据块。这些密钥数据块与某些特定的 TPM 信息绑定在一起。并且 SRK 存储在 TPM 内部，受到 TPM 保护。所以 TPM 整个密钥储存体系是安全可靠的。

TPM 中的密钥存储结构如图 1.5 所示。TCG 规范中规定只有 EK、SRK 及 SRK 的授权密钥等可以直接存储在 TPM 内部存储器中，其他密钥均存储在 TPM 外部存

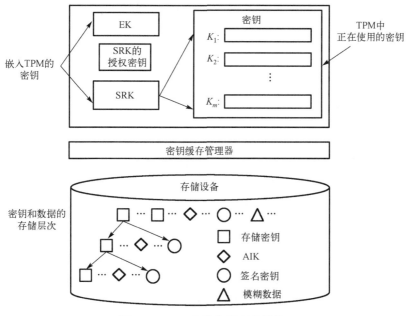

图 1.5　TPM 中的密钥存储结构

储空间中,这些存储在 TPM 外部的密钥的安全性通过 SRK 和 EK 形成的多级密钥保护体系来保证。其中,密钥树中的密钥均由父密钥加密保护,整个密钥树的根是 SRK。

1.5　区　块　链

1.5.1　概述

比特币(Bitcoin)[4]的出现使区块链引起社会的广泛关注。区块链是一个分布式的共享账本,具有去中心化、不可篡改、可追溯和公开透明的特点。区块链能够在不依靠中心权威的帮助下,在不完全可信的参与者中完成交易结算。这意味着可以在不完全可信的分布式环境中提供"信任"支持。区块链就结构本身而言是通过密码学方法相连的区块,每个区块内包含前一个区块哈希、梅克尔树、随机数、交易记录集合等,如图 1.6 所示。

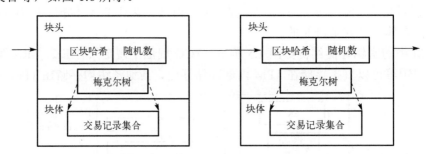

图 1.6　区块链结构

1. 分类

区块链根据节点网络管理的方式分为三类:公有链、联盟链和私有链。在公有链中,区块链网络被公共组织管理和维护,任何参与者可以自由加入或离开,以匿名的方式参与新区块的提出。在联盟链中,区块链网络被多个公司联合管理和维护,参与者需要得到授权方可加入。在私有链中,区块链网络被单个公司或个人管理和维护。

2. 核心技术

分布式账本:网络上的每个节点独立完整地存储相同的区块链交易账本。

共识机制:网络上的所有节点依据一定的规则,即共识,来维护和更新区块链数据,保证分布式系统的各个节点区块链数据的一致性。

智能合约:基于区块链上不可篡改的数据,可以自动化地执行一些预先定义好的规则和条款。

加密算法：通常用到数字签名，如哈希算法和非对称加密算法。

3．架　构

一般说来，区块链系统由数据层、网络层、共识层、激励层、合约层和应用层组成，如图 1.7 所示，包含内容如下。

（1）数据层包含时间戳、随机数、交易等。

（2）网络层则包括对等网络(peer-to-peer，P2P)模型、数据传播机制和数据验证机制。网络中的各节点相互独立、平等。

（3）共识层包含节点的各类共识算法，通常有工作量证明(proof of work，PoW)、权益证明(proof of stake，PoS)、委托权益证明(delegated proof of stake，DPoS)。

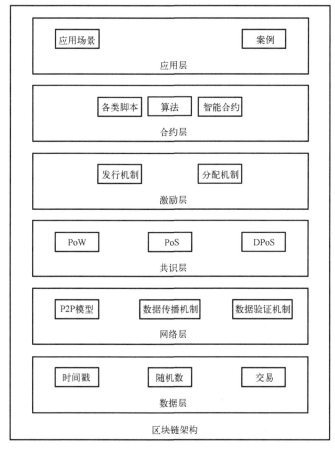

图 1.7　区块链架构模型

（4）激励层主要包括经济激励的发行机制和分配机制。为了鼓励节点对参与共识的奖励，如 Bitcoin 中，成功提出一个区块的节点会获得一定的 Bitcoin 奖励。另外会制定一些相关制度，激励记账节点，惩罚恶意节点。

(5)合约层主要包含各类脚本、算法和智能合约，是区块链可编程特性的基础。

(6)应用层：通常说的是区块链各种应用场景和案例，如区块链应用于物联网的物品溯源等。

1.5.2　共识机制

共识机制是节点之间通过竞争、计算来争夺记账权的方式来保证分布式系统节点间数据状态一致的规则。共识机制是区块链系统中最重要的技术，其影响区块链系统的性能和安全性。共识机制的流程如下所示。

(1)出块节点选择：为了获得出块权利，节点需要通过某些竞争，优胜者获得出块权利。出块节点可以是一个或多个。

(2)生成和传播区块：将交易和相关的信息，打包为一个区块并传播给其他节点。

(3)更新区块链：节点验证收到的区块，若无误，则加入到本地区块链。

现有的共识机制可以分为基于工作量证明的共识机制、基于权益证明的共识机制、混合共识机制和其他共识机制。

1.　基于工作量证明的共识机制

1999 年 Jakobsson 和 Juels[5]提出工作量证明（PoW）一词。随后工作量证明被用于解决垃圾邮件和拒绝服务攻击问题。Bitcoin 首先使用 PoW 机制，作为出块节点的选择，其内容抽象如下。

网络中的节点为了获得提出块的权利，被要求输入前一个块的元数据 preblock 和随机数 nonce，在一定的 Hash 算法下其结果小于一定的困难度 D，见式(1.1)。寻找到满足式(1.1)的随机数 nonce，称为解决哈希问题。

$$\text{Hash}(\text{preblock},\text{nonce}) < D \qquad\qquad (1.1)$$

哈希算法具有一定的输入敏感和抗碰撞的特点，因此节点需要不断地尝试输入新的随机数。另外，哈希算法具有快速验证的特点，其他节点可以快速验证随机数是否满足条件。

中本聪共识协议应用于 Bitcoin 网络中，使其成为第一个在缺少信任的环境中阻止双花攻击的加密货币。中本聪共识协议内容包括以下几方面。

(1)PoW。网络中的节点为了获得提出块的权利，需要解决一个哈希问题，可见式(1.1)。

(2)传播和验证。获得出块权利的节点将交易和相关的数据打包成块，通过 Gossip 协议在 P2P 中传播，节点验证块的格式，若无误，则加入到本地区块链。

(3)最长链原则。在同一个高度有两个或多个被验证通过的块，即会造成分叉问题。为了解决分叉问题，网络中的节点选择追加最长链为主链。非主链上的块为无效块。

(4)交易确认原则。交易采用概率性确认，所提出的交易块可以被丢弃，但随着块的追加被丢弃的可能性减小。具体表现为包含交易的块需要位于主链上，且其后必须追加一定数量验证无误的块，交易才可以被确认。

中本聪共识协议虽然能够解决在分布式节点中的交易一致性问题，但也存在众多问题，如下所示。

(1)能量消耗大。文献[6]指出，Bitcoin 网络年用电量与爱尔兰或奥地利年用电量相当。

(2)中心化。由于出块概率和节点的挖矿能力成正比，多个节点可以共同解决一个哈希问题，而对应出现的矿池，导致挖矿能力的集中，出现中心化问题，与分布式区块链设计主旨相反。

(3)交易吞吐量低。采用中本聪共识协议的 Bitcoin 的交易吞吐量为每秒 7 笔交易，相反 Visa 平均每秒至少 4000 笔交易。

(4)安全性问题：协议虽然能够容忍 50%的恶意节点，但也存在一些安全问题，如自私挖矿[7]、日蚀攻击[8]。

随后出现对中本聪共识协议的改进。例如，改变出块的方式，挖矿成功的节点从提出一个块改成提出多个块的 Bitcoin-NG(next generation)[9]；改变链的结构形式，从最长链改为树状结构的 GHOST(the greedy heaviest-observed sub-tree)[10]协议，主链选择由最长链变为"最重"分支。

2. 基于权益证明的共识机制

1)权益证明

由于工作量证明(PoW)的共识机制存在资源的大量浪费现象，权益证明(PoS)共识机制被提出。点点币(PPCoin)[11]是首先使用 PoS 的电子货币，其对于出块节点的选择，可总结如下。

网络中的节点，输入前一个块的数据 preblock 和时间戳 timeStamp，经过哈希算法的计算使计算结果小于一定的数值(可称为困难度)，则获得出块权利。困难度为全网同一困难度 D 和币龄 coinDay 的乘积。币龄是指持有相应币的时间。

$$\text{Hash(preblock,timeStamp)} \leq D \times \text{coinDay} \tag{1.2}$$

由于点点币采用以秒计数的 UNIX 时间戳，节点求解难题时尝试空间有限。因此，点点币的权益证明相对于工作量证明大大缩小了计算空间，减少了算力竞赛带来的资源浪费。其中，币龄相当于一种权益。

2)委托权益证明

委托权益证明(DPoS)共识算法，相当于民主的 PoS。采用 DPoS 的区块链中，每一个节点都可以根据其拥有的股份权益投票选取代表，整个网络中获得选票最多的 n 个节点获得记账权,按照预先决定的顺序依次生产区块并因此获得一定的奖励。

竞选成功的代表节点需要缴纳一定数量的保证金,而且必须保证在线的时间,如果某时刻应该产生区块的节点没有履行职责,将会被取消代表资格,系统将继续投票选出一个新的代表。

3) 安全问题

随着对 PoS 的研究,研究者发现其存在一些安全问题。

(1)粉碎攻击(grinding attack):指节点通过尝试随机参数以提高成为出块节点概率的一种攻击。

(2)无权益攻击(nothing-at-stake attack):指被选中的出块节点在同一高度产生多个区块,导致区块分叉无法解决的问题。

(3)长程攻击(long range attack):指攻击者试图从某一高度区块后重新生成后续所有区块,覆盖这一区间区块数据,也称为历史攻击(history attack)。

3. 混合共识机制

拜占庭容错(Byzantine fault tolerance,BFT)协议用于解决分布式系统中的拜占庭将军问题。拜占庭将军问题由 Lamport 等[12]在 1982 年提出,诚实将军在叛徒将军的干扰下对进攻命令达成一致。因此,BFT 协议能够在一定数量的恶意节点下,对交易达成共识。具有确定性确认的特点,即共识一旦达成不会被修改。BFT 协议有 PBFT(practical Byzantine fault tolerance)[13]、Byzantine Paoxs[14]等。

但 BFT 协议要求确定数量的节点且具有通信复杂度高的特点,使其无法直接应用于区块链系统中。为了在网络规模较大的非许可链系统中达成确定性共识,将拜占庭容错协议和区块链的出块节点选举机制相结合,称其为混合共识协议。通过一定选举机制,选择一些节点组成共识委员会,在委员会中运行 BFT 协议。混合共识机制的流程如下所示。

(1)选择共识委员会成员:通过 PoW 或 PoS 等方式选择共识委员会成员,并防止女巫攻击。

(2)运行 BFT 协议:经常使用 PBFT 协议或改进协议来对交易块达成共识。

(3)广播区块:将共识后的区块广播到全网中,非共识委员会进行区块链的更新。

(4)重新配置:共识委员会工作一定的周期后,应该进行重新选择。

混合共识协议根据选择机制,可以分为基于 PoW 的混合共识协议、基于 PoS 的混合共识协议和其他共识协议;若根据共识委员会的数量,可以分为单一共识委员会的混合共识协议和多共识委员会的混合共识协议,后者也被称为分片共识。

在多共识委员会中还需注意:被选择的委员会成员分配到不同委员会的方式;跨分片的交易处理。

4. 其他共识机制

(1)流逝时间证明(proof of elapsed time,PoET)是基于硬件芯片执行某个命令的等待时间来实现的, 其实质是利用可信硬件产生随机数来决定下一个区块生产者。

(2) 能力证明 (proof of capacity, PoC) 机制将参与者能够使用的硬盘空间大小作为标准, 选出区块的生产者。

(3) 基于块的有向无环图 (block directed acyclic graph, blockDAG) 共识。在 blockDAG 中, 每个顶点都包含交易的集合, 这类似于区块链中的块概念。将 blockDAG 与区块链区别开的是, 每个块都可以指向多个父块。这导致每个新块都可以附加到有向无环图 (directed acyclic graph, DAG) 中, 并且在指向多少个父块及指向哪个父块方面具有相当大的灵活性。对于父块的选择是对交易吞吐量和安全性的重大挑战。

(4) 基于交易的有向无环图 (transaction directed acyclic graph, txDAG) 共识。与 blockDAG 相比, txDAG 进一步打破了区块的束缚。由于在一个 blockDAG 中不同的块仍然可以保留重叠的交易, 它需要更多的网络资源和处理器资源来处理重叠的交易。在 txDAG 中, 每个顶点代表一个唯一的交易, 从一个顶点出发的分支将持有不相交的交易。这避免了在 blockDAG 中解决重复交易的问题, 并有效地在每个节点上释放更多的处理能力, 并在网络带宽限制下, 进一步地提高交易吞吐量。

1.5.3　智能合约

智能合约是一种旨在以信息化方式传播、验证或执行合同的计算机协议。其概念于 1997 年由 Szabo[15] 首次提出, 由于当时缺少可信的执行环境, 智能合约并没有应用到实际产业中。Bitcoin 诞生后, Bitcoin 的底层区块链技术具有去中心化的特性, 满足智能合约所需的可信的执行环境, 使智能合约又得到了广泛的关注。智能合约作为区块链的核心部分, 在技术中得到了广泛应用, 也是使区块链成为具有一定颠覆性技术的原因之一。此外, 智能合约可以在由相互不信任的节点组成的网络中被正确执行, 而不需要外部可信权威机构。智能合约的自动执行特性为许多依赖数据驱动交易的领域提供了巨大的应用机会。目前, 越来越多的开发者致力于金融、游戏、公证等各个领域智能合约的开发[16]。

传统合约指双方或多方通过协议来进行等值交换, 双方或多方必须彼此信任才能履行交易。否则一旦一方违约就可能要借助社会监督和司法机构。而智能合约是一种具有自我验证、自动执行、防篡改的计算机程序, 在协议制定和部署后, 不需要外加人为干预, 即可实现自我执行和自我验证。智能合约由值、地址、函数和状态组成, 它将交易作为输入, 执行相应的代码并触发输出事件。根据功能逻辑实现状态的变化。它是可追踪和不可逆转的, 所有的交易信息都显示在智能合约中, 并自动执行。传统合约和智能合约的对比如表 1.1 所示。

由于区块链技术的性质, 部署在区块链上的智能合约 (即链上智能合约, 又称为广义智能合约) 通常需要由每个节点执行和验证, 所有相关交易对整个区块链网络可见。这降低了智能合约的隐私性。此外, 对于那些计算复杂的合约, 交易成本可能很高,相关交易的验证可能需要很长的时间。为了解决这一问题,链下的智能合约(狭义的智能合约)被提出。链下智能合约在区块链以外执行,与链上智能合约不同,链下智能合约只需要由感兴趣的参与者签署和执行。一个链下智能合约的设计目的是封装涉及高成本计算或参与者的隐私信息,而对于一些低成本、非敏感的任务,建议采用链上智能合约。为了保护区块链的属性和利益,在实践中,链下智能合约的结果将被记录在链上。如果对链下智能合约的执行结果存在分歧,则可以通过执行链上智能合约来解决纠纷。

表 1.1　传统合约和智能合约的对比

名称	传统合约	智能合约
执行形式	人工判断触发条件,线下沟通执行	自动判断触发条件,强制执行程序命令
信任关系	人与人	机器与机器
约束力	法律	共识机制
成本	运行成本稍高	运行成本低
处罚方式	没收参与者押金	其他手段惩罚违约者
安全性	有被篡改的风险	由于区块链加密性,保证数据不可篡改

通常情况下,智能合约在各方的签署后,以程序代码的形式附加在区块链上,通过 P2P 传播并经节点验证后记录在区块链中。智能合约封装了许多预定义的状态和转换规则、触发合约执行的场景(如在给定时间或特定事件发生时)、特定场景中的响应等。区块链监控智能合约的实时状态,并在满足某些触发条件后执行合约。以以太坊(Ethereum)[17]开发平台为例,智能合约的运行机制如图 1.8 所示。

智能合约一般具有值和状态两个属性,代码中预置了合约条款的相应触发场景和响应规则,在合约各方面内容都达成一致的基础上,评估确定该合同是否可以通过智能合约实现。智能合约经多方共同协定、各自签署后随用户发起的交易提交,经 P2P 传播、矿工验证后存储在区块链特定区块中。矿工受系统预设的激励机制激励,将贡献自身算力来验证交易,矿工收到合约创建或调用交易后在本地沙箱执行环境(如以太坊虚拟机)中创建合约或执行合约代码。被验证后的有效交易被打包进新区块,通过共识机制达成一致后,新区块添加到区块链的主链,所有更新生效。

与传统的分布式应用程序相比,智能合约有着明显的特点,即可信性、自给自足和去中心化。可信性意味着智能合约的所有条款和执行过程都是提前制定好的,并由计算机绝对执行,因此所有的结果都是准确无误的,不会出现不可预料的结果。此外,智能合约可以在资源调度方面自给自足,即通过提供服务来筹集资金,并在需要时将其支出,如获得处理能力或者存储能力。最后,智能合约是去中心化的,不需要中心化的权威仲裁合约按规定执行,合约的监督和仲裁都是计算机来完成的。

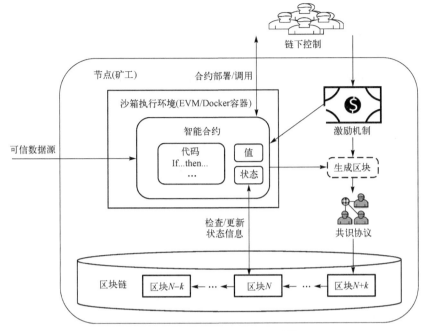

图 1.8　智能合约的运行机制[18]

　　然而，目前智能合约也存在一定的问题。由于区块链的不可修改的性质，合同一旦部署就无法修改，因此黑客可以利用此漏洞进行攻击。此外，由于智能合约通常用于传输数字资产，因此安全性和隐私至关重要。智能合约目前面临如下一些挑战[16]。

　　(1)可重入漏洞。它是指攻击者可以利用递归调用函数执行多次重复的撤销功能，导致发生意想不到的事件。

　　(2)交易顺序依赖性。智能合约的执行正确与否与以太坊的状态有关，而有效的交易可能会影响以太坊的状态。当一个新的区块含有两笔交易时，交易的先后顺序可能会导致以太坊的最终状态发生变化，而交易的顺序取决于矿工，从而导致智能合约的执行依赖于矿工的操作。

　　(3)时间戳依赖性。通常智能合约的执行依赖于区块中的时间戳。但是，矿工可以更改此值，同时让其他矿工接收该区块。当时间戳被用作执行特定操作的触发条件时，会出现安全问题，即攻击者可以使用不同的块时间戳来操作合约的结果。

　　(4)缺乏可靠的数据源。智能合约需要来自外部资源信息，但这些信息的可靠性无法保证。

　　(5)隐私问题。由于所有交易历史都存储在区块链上，因此理论上可以通过分析交易结果来获取用户的私有信息。

　　智能合约对区块链有重要的影响。一方面，智能合约是区块链 2.0 和 3.0 时代可编程金融与社会系统的基础区块链的激活器。另一方面,智能合约的自动化和可编程特性使得在分布式区块链系统中封装节点的复杂行为成为可能,这有助于促进区块链技术在分布式人工智能系统中的应用。从而使未来建立各种类型的分布式自治组织(decentralized autonomous organization,DAO)、分布式自治公司(decentralized autonomous corporation,DAC)和分布式自治社会(decentralized autonomous society,DAS)成为可能。

1.5.4　区块链安全应用

区块链技术是当今和未来应用中一个非常流行但又被高度误解的概念。为了增强安全性和隐私性,许多应用程序采用区块链,如图 1.9 所示。但也存在着固有的缺陷和新挑战。本节将介绍区块链流行的安全应用,提出了它们的主要问题,以及区块链中其他的挑战,使未来的研究能够更有效地进行。

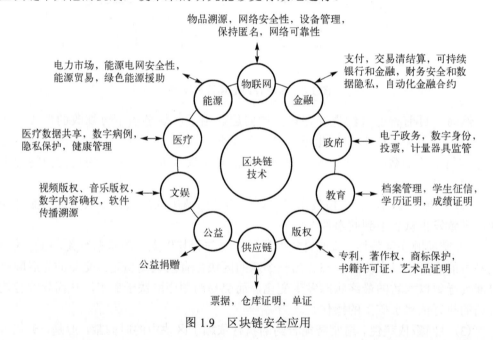

图 1.9　区块链安全应用

区块链最初被认为是一种实现不可信任的加密货币的机制,此后,越来越多的行业与利益相关者将该区块链视为解决现有业务的方案和颠覆成熟行业的有吸引力的替代方案。区块链具有隐私性、安全性、匿名性、去中心化和可交换性。本节主要阐述了区块链在物联网、能源、金融、医疗等领域上的安全应用。

1. 物联网

互联网中存在各种不安全因素,使物联网设备容易受到攻击。尽管人们在网络安全和算法方面改进并优化了物联网[19,20]，但是仍缺乏有效的手段来防止攻击和隐私泄露。区块链有望成为缓解物联网数据安全问题的一种有前景的方法。图 1.10 为物联网集成的区块链功能。

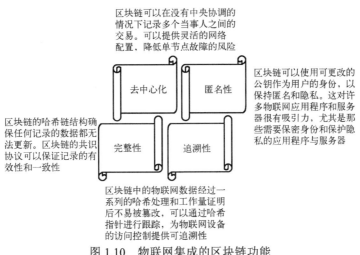

图 1.10 物联网集成的区块链功能

1）增强互联设备的安全性

通常，物联网是一个集中式系统，其安全性和性能主要依赖于集中式服务器。针对此问题，通过结合边缘计算和区块链技术来进行身份管理和访问控制，与物联网相关的设备可以在统一的分布式账本中轻松注册与认证，并且能够在不同主体间快速、安全地进行设备所有权的转让。数据的完整性通过区块链技术的设计和其不可变性得到确认，使所有通过网络传输的数据被加密证明，这将实现数据的安全跟踪和完整性。同时，通过区块链建立的私钥/公钥机制将允许极大地简化安全协议，从而在传统通信协议上实现安全性。然而，这种方法存在个人身份暴露和匿名性丧失的危险。

2）保持匿名

从用户的角度来看，设备与产生它们的公司不断通信，并持续发送用户私人数据，使得用户担心企业会监视他们的隐私，从而对这些设备缺乏信任。在这种情况下，可以通过区块链的透明性来解决这个问题，即在用户之间进行安全的数据传输，同时保持其特定身份的匿名性[21]。此外，区块链还能引入分散授权管理框架，利用区块链技术的一致性解决隐私和数据敏感性问题[22,23]。

然而，这些方案仍存在个人信息泄露和匿名性丧失的问题。

3）设备管理

区块链技术的广泛应用，将实现设备之间的完全自动化交互，这可适用于多种交互设备。区块链可以允许不同输入（如一个组件的发射器和另一个组件的接收器)之间实现无需用户干预的信息交换。例如,当一个货柜被装船、交付到卡车或家庭地址时,该交互会自动记录在区块链中,并消除人为错误成分和实现项目的追溯。利用区块链构建物联网网络和管理与通信系统相关的设备。区块链将允许管理设备配置和相关密钥[23]。

然而,对于设备管理的使用,缺乏实际应用或商业模式开发。

2. 能源

最近,将区块链应用到能源领域的商业模式不断被提及。在区块链的热风口之下,区块链在能源领域充满想象空间,引领着"互联网+"智慧能源的发展趋势。下面主要介绍能源和能源管理基于区块链的应用领域内的几个类别,包括机器之间的电力市场控制,促进能源贸易,以及提高能源电网的安全性。

1)机器之间的电力市场控制

能源生产和消费领域的最新进展已经开始改变传统的用电模式与市场互动方式。具体而言,使用太阳能等可再生能源进行家庭发电的能力为分布式能源市场铺平了道路,客户根据时间和条件成为供应商。因此,区块链为其提供一个平台框架,该框架可以实现机器对机器的交互并建立一个电力市场,消费者可以从各种供应商中自主地选择合适的报价[24]。

然而我们需要考虑能源交易涉及的参数的复杂性,如与能源供应的距离,以防止在某些区块链清算算法(如工作量证明)下难以实现可靠的断电。

2)促进能源贸易

能源消费者隐私问题和市场上的信息共享是分布式能源网络的一个问题,即个人的能源生产和消费信息将是公开的。区块链解决方案可以通过创建不暴露个人身份的信息交换来解决这个问题。同时,在区块链中引入支付处理机制将促进微电网之间的交易[25]。此外,这些模型的实施应考虑到市场对政府预测和控制能源需求与市场的能力的相对影响,从而允许政府干预和制定合理的机制。

3)提高能源电网的安全性

区块链是能源数字化困境的一个潜在解决方案,即引入基于区块链的方案,利用智能合约管理不同电力消费者/供应商之间的能源交换,将允许一个可持续的、越来越安全的能源交换机制,同时带来更大的安全性分散和弹性电网[26]。但是,在错误或欺诈情况下缺乏追索权,并且合约变更也会导致安全成本的增加,因此分类账本的匿名性和不变性将增加当局解决问题的难度。

3. 金融

区块链技术正在引发更多的行业变革,近年来,金融科技发展备受关注。区块链金融作为目前金融领域最受期待的发展方向，从诞生这一概念之初就备受期待。下面主要介绍金融和区块链应用之间的相互作用：更好的交易处理、可持续银行和金融，以及自动化金融合约。

1）更好的交易处理

区块链框架在改善交易处理和性能方面为银行业带来了许多好处。具体而言，区块链框架可以帮助政府建立单一账户结构，该结构将自动处理和平衡基金账户，从而减少闲置现金余额、不必要的借贷成本，并通过改善流动性来降低中央银行的成本[27]。基于区块链的系统不仅可以作为银行机构的组成部分建立，还可以作为银行机构的竞争者建立，其增加集成和去中心化是改善运营与加快交易处理速度的主要驱动力[28]。

2）可持续银行和金融

区块链在未来银行和金融交易中的总体作用可以从全球经济中实现可持续金融体系的角度来看。将财富储存分散给持有财富的个人，并将财富价值与经济脱钩，从而在理论上实现更稳定的金融财富价值及更稳健的经济体系[29]。然而，涵盖这一潜在应用的研究必须考虑商业模式对现有金融中介机构的影响及其对贷款市场的影响。

3）自动化金融合约

区块链可以实现金融合约的自动化，从而利用区块链进行更快、更经济的金融操作，每年可节省 11 亿～120 亿美元。这是由于区块链能够实施三级合约，该合约不仅执行特定操作，而且还自动执行[30]。

4. 医疗

区块链作为一种多方维护备份信息安全的分布式记账技术，为医疗数据共享带来创新，是一个很好的突破点，区块链无中心服务器的特性，使得系统不会出现单点失效的情况，很好地维护了系统的稳定性。区块链在医疗领域的应用场景如下所示。

1）更轻松地访问医疗数据

区块链可以通过帮助患者轻松地访问他们的数据来提供解决方案。在分布式账本及维护隐私的公私钥帮助下，无须通过步骤烦琐的医疗服务提供商来检索患者信息。此外，在区块链中可以轻松地识别用户并授予访问适当医疗记录的权限，同时保持整体数据匿名。然而，促进这些用途的研究需要考虑到在发生事故、丧失能力及其他同意和授权共享问题时获取患者医疗记录的困难程度。

2）医疗数据共享

除了患者能够轻松有效地访问其数据的最初问题，与医疗保健和医疗信息相关的另一个问题源于与患者档案中的医疗信息有关的隐私和匿名问题。医学界面临的困境是,医学数据对科研及提高整体医疗条件和运作具有重要意义,但同时这些信息高度敏感,在信息共享和聚合方面面临巨大的法律障碍。区块链解决了这一问题,它允许匿名化患者的医疗数据,同时保持所有相关医疗信息的完整性。此外,该信息仍可公开用于研究,而不会泄露患者的身份[31]。

3) 统一病例

通过区块链技术来分布式存储医疗记录,促进了医疗记录信息的统一和标准化。这将允许在不同卫生服务提供者之间轻松转移和跟进,从而改善整体健康和患者服务。然而,探索这种实施的研究人员应该考虑拥有多个基于区块链的医疗保健系统的问题,这会导致信息格式的差异,从而导致出现记录统一方面的问题。

由于部署和维护网络系统需要大量能源,预计区块链对环境的影响会增加,并应该将环境因素纳入区块链研究的商业模式解决方案中。此外,区块链引起监管机构和社会对区块链可持续性的担忧,这构成了未来研究的一个重要领域。

1.6　云存储数据的安全问题

由于云存储的租用商业模式,用户的数据一旦外包到云,其拥有权和控制权会分离,存储资源由云服务提供商控制,并且通过虚拟化的方式将存储资源同时租给多个用户使用,因此产生了一系列安全问题,如数据泄露、数据丢失、内部威胁等。

2011 年,国内程序员社区 CSDN (Chinese Software Developer Network) 网站的安全系统遭到黑客攻击,数据库中的 600 万用户的登录名及密码遭到泄露[32]。2014年底,雅虎公司至少有 5 亿用户账户信息被黑客盗取,包括姓名、电子邮件地址、电话号码、生日、密码等重要的个人信息。在俄罗斯黑市上,大约有 2.723 亿个被盗电子邮件和其他网站用户名与密码正在私下买卖[33]。2018 年 3 月,美国《纽约时报》和英国《卫报》的报道指出,Facebook 约有 5000 万的用户数据被一家名为剑桥分析 (Cambrige Analytica) 的公司泄露[34],此类事件不胜枚举。

对此,从云存储的虚拟机安全和数据安全两个角度出发,本节提出了云存储数据面临的挑战:云存储数据的持有性证明、云存储数据的确定性删除、云存储数据的一致性证明、同驻攻击和虚拟机迁移。

1. 云存储数据的持有性证明

当用户将数据外包给云存储服务提供商后,数据所有者可能会不时地向云发出完整性挑战,以验证存储在云中的数据的完整性和正确性。云存储服务商也需要向用户或第三方审计员证明用户数据已被完整保存。这一过程称作云存储数据的持有性证明机制。

随着数据量的爆炸性增长和生活方式的改变，将数据存储在本地需要耗费用户大量资源。此时，云存储的普遍应用为组织及个人提供无处不在的移动存储服务，减轻了用户端数据存储的负担并降低了用户维护成本。用户将数据远程存储后，会删除相应的本地文件以节省存储空间。但是云中的数据容易遭受内外部的攻击，也存在平台故障和人为错误导致用户数据被破坏的可能。因此，云存储数据的持有性证明机制对于保障外包数据的完整性和正确性至关重要。

2. 云存储数据的确定性删除

云存储数据的确定性删除是指当用户的数据过期或用户主动提交删除请求后，云存储服务提供商应该按照约定删除用户的数据和数据备份，保证任何人都无法通过任何手段在任何时间再次访问该数据，即数据生命周期结束后的永久性不可访问。

对于用户而言，数据一旦外包到云，就失去了对数据的直接控制，用户并不清楚云存储服务提供商如何存储自己的数据。由于云的多租户的特征，当数据过期或用户终止服务时，云存储服务提供商会将该磁盘租赁给其他用户，如果云存储服务提供商没有将数据删除或只是对磁盘进行格式化，删除了文件对应的索引，此时攻击者可以通过一些技术手段将文件恢复，该用户的个人数据会存在泄露风险。因此，如何实现云存储数据的确定性删除对于防止数据泄露至关重要。

3. 云存储数据的一致性证明

云存储数据的一致性理论来自 Brewer 提出的 CAP 定理，其包括 3 个方面：一致性（consistency）、可用性（availability）、分区容忍性（partition tolerance）。其中，一致性指同一个数据在集群中的所有节点，同一时刻可供查询的值是否一致；可用性指集群中一部分节点故障后，集群整体是否还能继续处理客户端（client）的更新请求；分区容忍性指系统应确保在部分网络出现异常的情况下仍能正常使用，除非网络整体瘫痪。

云存储数据的一致性是指在分布式云存储中，当多个用户在不同副本节点同时修改数据时，保证所有节点更新不会发生数据冲突，并且达到一致的状态。

当前云存储数据的一致性方面的研究都是基于理想环境的，主要针对节点间时钟同步方法、节点间数据存取策略和用户操作事务的序列化进行优化，对环境中的不安全因素疏于考虑。随着云存储的不断普及与应用，病毒、木马、黑客入侵等不安全因素的存在难免会对用户的操作结果一致性产生影响。例如，用户写入与查询数据过程中，服务器主副节点的数据可能会因节点存在不安全因素被篡改，影响云存储数据的一致性操作结果的可信性；节点间同步新数据过程中，节点与节点间、节点内分区间可能由于信道不可信造成同步数据被窃听、篡改、阻碍或时延，造成节点间数据无法正确同步[3]。在可信云平台日渐成熟的情况下，如何分析研究可信环境下的云存储数据的一致性问题具有重要的理论意义和应用价值。

4. 同驻攻击

云计算平台为用户提供动态可扩展的计算和存储资源，用户间通过虚拟机共享这些资源，这种方式在提高物理资源利用率的同时，也带来了新的安全问题。共享物理资源的虚拟机之间（用户间）本该是逻辑独立的，而近来研究表明，恶意用户可以通过建立侧信道等方式绕过逻辑独立，从而获取其他用户的私密信息，这种行为称为同驻攻击。

5. 虚拟机迁移

虚拟机与计算终端存在着很多不同之处，使可信计算技术无法全面覆盖虚拟机可信的全部安全需求。虚拟机管理涉及虚拟机的生成、分配、回收、迁移等一系列问题。保证虚拟机整个生命周期内的安全是实现云平台可信的基础，尤其是当虚拟机发生迁移后，如何确保目标平台的可信性和虚拟机可信状态的一致性是虚拟机整个生命周期安全管理需要解决的重点问题，也是难点问题。而传统的可信计算技术中并没有针对该问题的解决方案，导致虚拟机安全管理的功能缺失。虚拟机的可信迁移给上述问题的解决提供了一个可行方案。

虚拟机的可信迁移是指以现有可信计算技术为基础，保证虚拟机从云计算平台原计算节点迁移到目标计算节点后，仍可保持其可信状态的一致性和连续性，从而实现虚拟机生命周期内的可信度量。

1.7 本 章 小 结

本章首先从云计算的产生和发展讲起，介绍了云计算的发展现状和趋势，引出云存储和大数据的概念，并阐述了云计算、云存储和大数据之间密不可分的关系。其次，详细介绍了可信计算，具体包括可信计算涉及的技术，如 TPM、密钥机制等。最后，针对云存储数据的安全性，详细说明了为什么存在安全威胁，并指出本书重点考虑的安全挑战。

本章作为基础章节，主要为引出本书要重点介绍的为解决云存储数据的安全问题所做的工作起铺垫作用，并将在后续章节逐一进行讲解。

参 考 文 献

[1] Mell P, Grance T. The NIST definition of cloud computing[J]. Communications of the ACM, 2011, 53(6): 50.

[2] 方巍, 文学志, 潘吴斌, 等. 云计算: 概念、技术及应用研究综述[J]. 南京信息工程大学学报(自然科学版), 2012, 4(4): 351-361.

[3] 陈兰香. 云存储安全——大数据分析与计算的基石[M]. 北京: 清华大学出版社, 2019.

[4] Nakamoto S. Bitcoin: A peer-to-peer electronic cash system[R/OL]. https://www.debr.io/article/21260[2022-06-22].

[5] Jakobsson M, Juels A. Proofs of work and bread pudding protocols[C]. Proceedings of the IFIP TC6/TC11 Joint Working Conference on Secure Information Networks: Communications and Multimedia Security, Leuven, 1999: 258-272.

[6] De Vries A. Bitcoin's growing energy problem[J]. Joule, 2018, 2(5): 801-805.

[7] Eyal I, Sirer E G. Majority is not enough: Bitcoin mining is vulnerable[C]. International Conference on Financial Cryptography and Data Security, Berlin, 2014: 436-454.

[8] Heilman E, Kendler A, Zohar A, et al. Eclipse attacks on Bitcoin's peer-to-peer network[C]. Proceedings of the 24th USENIX Security Symposium, Washington, 2015: 129-144.

[9] Eyal I, Gencer A E, Sirer E G, et al. Bitcoin-NG: A scalable blockchain protocol[C]. Proceedings of the 13th USENIX Symposium on Networked Systems Design and Implementation, Santa Clara, 2016: 45-59.

[10] Sompolinsky Y, Zohar A. Secure high-rate transaction processing in Bitcoin[C]. International Conference on Financial Cryptography and Data Security, Berlin, 2015: 507-527.

[11] King S, Nadal S. PPCoin: Peer-to-peer crypto-currency with proof-of-stake[R/OL]. https://bitcoin.peryaudo.org/vendor/peercoin-paper.pdf[2012-08-19].

[12] Lamport L, Shostak R, Pease M. The Byzantine generals problem[J]. ACM Transactions on Programming Languages and Systems, 1982, 4(3): 382-401.

[13] Castro M, Liskov B. Practical Byzantine fault tolerance[C]. Proceedings of the USENIX Symposium on Operating Systems Design and Implementation, New Orleans, 1999: 173-186.

[14] Martin J P, Alvisi L. Fast Byzantine paxos[C]. Proceedings of the International Conference on Dependable Systems and Networks, Florence, 2004: 402-411.

[15] Szabo N. Formalizing and securing relationships on public networks[J]. First Monday, 1997, 2(9): 1.

[16] Wang S, Yuan Y, Wang X, et al. An overview of smart contract: Architecture, applications, and future trends[C]. IEEE Intelligent Vehicles Symposium, Changshu, 2018: 108-113.

[17] Wood G. Ethereum: A secure decentralised generalised transaction ledger[J]. Ethereum Project Yellow Paper, 2014, 151: 1-32.

[18] 欧阳丽炜, 王帅, 袁勇, 等. 智能合约: 架构及进展[J]. 自动化学报, 2019(3): 445-457.

[19] Li W, Xu H, Li H, et al. Complexity and algorithms for superposed data uploading problem in networks with smart devices[J]. IEEE Internet of Things Journal, 2019, 7(7): 5882-5891.

[20] Li W, Chen Z, Gao X, et al. Multimodel framework for indoor localization under mobile edge computing environment[J]. IEEE Internet of Things Journal, 2018, 6(3): 4844-4853.

[21] Christidis K, Devetsikiotis M. Blockchains and smart contracts for the internet of things[J]. IEEE Access, 2016, 4: 2292-2303.

[22] Hardjono T, Smith N. Cloud-based commissioning of constrained devices using permissioned blockchains[C]. Proceedings of the 2nd ACM International Workshop on IoT Privacy, Trust, and Security, New York, 2016: 29-36.

[23] Huh S, Cho S, Kim S. Managing IoT devices using blockchain platform[C]. Proceedings of the 19th International Conference on Advanced Communication Technology, Pyeongchang, 2017: 464-467.

[24] Sikorski J J, Haughton J, Kraft M. Blockchain technology in the chemical industry: Machine-to-machine electricity market[J]. Applied Energy, 2017, 195 (C): 234-246.

[25] Meeuw A, Schopfer S, Wortmann F. Experimental bandwidth benchmarking for P2P markets in blockchain managed microgrids[J]. Energy Procedia, 2019, 159: 370-375.

[26] Mylrea M, Gourisetti S N G. Blockchain for smart grid resilience: Exchanging distributed energy at speed, scale and security[C]. Resilience Week, Wilmington, 2017: 18-23.

[27] Garg P, Gupta B, Chauhan A K, et al. Measuring the perceived benefits of implementing blockchain technology in the banking sector[J]. Technological Forecasting and Social Change, 2021, 163: 120407.

[28] Hassani H, Huang X, Silva E. Banking with blockchain-ed big data[J]. Journal of Management Analytics, 2018, 5 (4): 256-275.

[29] Chang V, Baudier P, Zhang H, et al. How blockchain can impact financial services: The overview, challenges and recommendations from expert interviewees[J]. Technological Forecasting and Social Change, 2020, 158: 120166.

[30] Egelund-Müller B, Elsman M, Henglein F, et al. Automated execution of financial contracts on blockchains[J]. Business and Information Systems Engineering, 2017, 59 (6): 457-467.

[31] Gordon W J, Catalini C. Blockchain technology for healthcare: Facilitating the transition to patient-driven interoperability[J]. Computational and Structural Biotechnology Journal, 2018, 16: 224-230.

[32] 糜苏赟. 从 "CSDN 密码库泄露事件" 看计算机网络安全[J]. 电脑知识与技术, 2012, 8 (2): 267-268.

[33] 武晓婷. "狼来了" 之后谷歌、微软等 2.7 亿个电邮遭黑客入侵[J]. 信息安全与通信保密, 2016, 6: 62-63.

[34] 吴雅婷. 大数据时代社交平台的个人隐私保护——以 Facebook 泄密事件为例[J]. 新媒体研究, 2020, 6 (3): 64-65.

第 2 章　密码学及技术基础

2.1　椭 圆 曲 线

椭圆曲线密码学(elliptic curve cryptography，ECC)的基本思想是使用椭圆曲线群来实现有限域上的公钥加密，设 F_p 是一个以素数 p 为模的有限域，给定一条椭圆曲线 E，椭圆曲线[1]的定义为 $y^2 = x^3 + ax + b(\mathrm{mod}\, p)$，其中 a，$b \in F_p$，并且 $4a^3 + 27b^2\, \mathrm{mod}\, p \neq 0$。设 O 为无穷远点，P，$Q \in G$，G 是一个椭圆曲线加法循环组，则椭圆曲线上的加法运算为 $R = P + Q$，椭圆曲线上的标量乘法运算为 $nP = P + P + \cdots + P$。

椭圆曲线密码学的安全性依赖于椭圆曲线离散对数问题(elliptic curve discrete logarithm problem，ECDLP)，由于解决 ECDLP 比分解整数更困难，认为 ECC 的安全性高于其他公钥密码体制，它能以更小的密钥确保相同的安全性。

2.2　Shamir 的 (t, n) 秘密共享方案

(1) 秘密分发者随机地从有限域 GF(p) 中任意选取 n 个不同的非零元素 $x_1, x_2, x_3, \cdots, x_n$ 标识每一个影子秘密持有者 $U_r = \{U_1, U_2, U_3, \cdots, U_n\}(r = 1, 2, 3, \cdots, n)$，公开 x_r 及其对应的 U_r。

(2) 秘密分发者分发的秘密为 $s \in Z_p$(p 为大素数)，在 GF(p) 内任选 $t-1$ 个元素 $a_i = (i = 1, 2, 3, \cdots, t-1)$ 构成 $t-1$ 阶多项式：

$$f(x) = \sum_{i=1}^{t-1}(a_0 + a_i x^i\, \mathrm{mod}\, p) \tag{2.1}$$

式中，p 为一个大素数且 $p > s$，秘密 $s = f(0) = a_0$。秘密分发者为所有的 $U_r \in U$ 生成 n 个影子秘密：

$$s_r = f(s_r) = \sum_{i=1}^{t-1}(a_0 + a_i x^i\, \mathrm{mod}\, p), \quad r = 1, 2, 3, \cdots, n \tag{2.2}$$

然后把 s_r 安全地发送给相应的 U_r。

任何 t 个影子秘密持有者 $U_1, U_2, U_3, \cdots, U_t$ 发送他们的影子秘密并使用拉格朗日插值公式：

$$s = f(0) = \sum_{i=1}^{t} f(x^i) \sum_{v=1, v \neq i}^{t} \frac{-x_v}{x_i - x_v} \bmod p \tag{2.3}$$

便可以恢复出秘密 s。

Shamir[2]的方案满足两个条件，即①主密钥可以通过任意不少于 t 个影子秘密恢复；②当获得的影子秘密少于 t 个时，不能得到主密钥的任何信息。

2.3　线性秘密共享方案

在基于密文策略的属性加密(ciphertext-policy attribute-based encryption，CP-ABE)方案中线性秘密共享方案(linear secret sharing scheme，LSSS)[3]被用于表达单调访问结构。

设集合 $A = \{A_1, A_2, A_3, \cdots, A_n\}$ 为参与方实体组成的集合，若满足以下的两个条件，则称为定义在 Z_p 上的 LSSS。

(1) $A = \{A_1, A_2, A_3, \cdots, A_n\}$ 共同持有 Z_p 上的一个秘密的分享向量。

(2)设 M 为一个定义在访问策略上的 $n \times l$ 的秘密共享矩阵。矩阵的每一行对应一个属性值，即行向量与属性值形成一一映射的关系 $\varphi:\{1,2,\cdots,d\} \to P$。矩阵 M 的行数反映了由 M 所决定的实现访问结构的线性秘密共享体制的有效性，列数反映了秘密重构所需要的计算量。ρ 为如下描述的一个映射：该映射把 M 里行标的集合映射到参与方实体的下标集合中。即若 i 表示 M 中的一行，则 $\rho(i):(i=1,2,\cdots,I)$ 表示某参与方实体的下标。若参与方集合中的某个授权集需要分享秘密值 $s \in Z_p$，则他们可共同选定列向量 $v = (s, r_2, \cdots, r_n)$，其中 $r_2, \cdots, r_n \in Z_p$ 是随机分布的。参与方实体 $\rho(i)$ 通过计算 $(Mv):(i=1,2,\cdots,I)$ 可以得到相对应于其的秘密分割。

文献[3]指出，使用以上的 LSSS 方案，授权集合 S 内的成员可以恢复出秘密值 s。令集合 $I \subset (1,2,3,\cdots,I)$ 为 $I = (i:\rho(i) \in S)$。由线性代数的知识可知，必能在多项式时间内搜索到常数集合 $\omega_i \in Z_p$ 满足 $\prod_{i \in I} \omega_i \lambda_i = s$ 且对于集合 I 的非授权集，必能在多项式时间内搜索到向量 w 满足 $w_1 = 1$ 和 $wM_i = 0 (i \in I)$。

2.4　梅克尔哈希树

梅克尔哈希树(Merkle Hash tree，MHT)被广泛地用来验证数据集的完整性。如图 2.1 所示，MHT 为一组有序数据块 $a_1, a_2, \cdots, a_8$ 的认证结构，其中叶节点 $h(a_1), h(a_2), \cdots, h(a_8)$ 对应每一个数据块的哈希值，内部节点的哈希值由子节点生成，最后递归得到根节点的哈希值。例如，$h_1 = h(h(a_1) \| h(a_2))$，$h_5 = h(h_1 \| h_2)$。元素 a_i 的辅助认证信息为第 i 个叶子节点到根路径上节点的兄弟节点，由元素 a_i 和辅助认证

信息可以计算根节点。验证数据块 a_2 的完整性的过程如下所示，计算 $h(a_2)$ ，
$h_1 = h(h(a_1) \| h(a_2))$，　$h_5 = h(h_1 \| h_2)$，$h_{R'} = h(h_5 \| h_6)$ ，比较 $h_{R'}$ 是否等于 h_R 。其中，辅助
认证信息 $\Omega = (h(a_1), h_2, h_6)$ 。

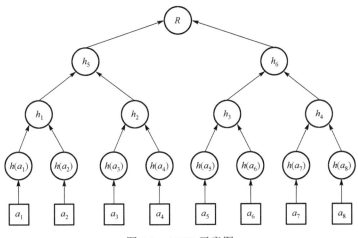

图 2.1　MHT 示意图

2.5　非对称加密

2.5.1　传统公钥密码学

公钥密码体制是基于陷门单向函数原理的加解密密钥不同的密码体制，将辅助
信息(陷门信息)作为秘密密钥。这类密码的安全强度取决于它所依据的问题的计算
复杂性。公钥密码体制规定每个用户都有一对选定的密钥(公钥 K_1 与私钥 K_2)，公
钥 K_1 可以像电话号码一样公开注册。公钥密码体制的特点是采用两个相关密钥将加
密和解密能力分开、多个用户加密的消息只能由一个用户解读、只能由一个用户加
密消息而使多个用户可以解读、无须事先分配密钥。

目前比较流行的公钥密码体制主要有两类：一类是基于大整数因子分解问题的，
其中最典型的代表是 RSA 体制；另一类是基于离散对数问题的，如 ElGamal 公钥密
码体制和影响比较大的椭圆曲线公钥密码体制[4]。

2.5.2　基于属性密码学

2005 年，Sahai 和 Waters 首次提出了基于模糊身份加密的方法，奠定了基于属
性的加密机制的基础。他们利用生物特征代表身份，将身份作为属性集合应用到加
密方案中[5]。目前，基于属性的加密可以分为基于密钥策略的属性加密[6](key-policy

attribute-based encryption，KP-ABE)和基于密文策略的属性加密[7](CP-ABE)，已广泛地应用于分布式文件管理、第三方数据存储、日志审计等领域。在 KP-ABE 方案中，属性和密文关联，密钥和访问控制结构关联，只有属性满足访问控制结构的用户才能获取密钥进行解密，适用于大规模网络环境下的密钥管理；后者将属性和密钥相关联，将访问控制结构内嵌于密文中，当用户的属性满足访问控制结构时才能获得密钥解密，适用于大规模网络环境下的访问控制。

2.5.3　椭圆曲线密码学

ECC[8]中的椭圆曲线由以下等式定义：

$$y^2 = x^3 + ax + b(\bmod p) \tag{2.4}$$

式中，$4a^3 + 27b^2 \neq 0$。

ECDLP 保证了 ECC 的安全性。对于椭圆曲线离散对数问题，目前没有行之有效的算法使其能够在理想的时间内得出相应的解，其定义如下。

设 $E_p(a,b)$ 为在有限域 $\mathrm{GF}(p)$ 上定义的椭圆曲线（$a,b \in \mathrm{GF}(p)$）。给定 $E_p(a,b)$ 上的两点 P 和 Q，找出一个整数 $s \in \mathrm{GF}(p)$，满足 $Q = sP\ Q = sP$。

与 RSA 相比，ECC 能够以更小的密钥确保相同的安全性，因为解决 ECDLP 比分解整数更困难。一般认为，在 p 元域上的椭圆曲线密码，当 p 的长度为 160bit 时，其安全性相当于 RSA 使用 1024bit 模数[9]。在带宽和存储容量较小的应用场景下，较短的密钥长度可能成为使系统正常运行的决定性因素。

2.6　哈　希　图

近年来针对区块链共识算法的改进研究越来越深入，其中较有代表性的是基于有向无环图（DAG）、哈希图（Hashgraph）的分布式账本技术，2020 年高政风等[10]对基于 DAG 的分布式账本共识机制进行了研究，并将其分为三类：一是通过在 DAG 拓扑中共识出一条主干链，并以此对 DAG 进行拓扑排序的主干链 DAG 共识协议；二是每个节点均维护一条本地信息链的平行链 DAG 共识协议；三是基于投票机制达成共识的朴素 DAG 共识协议。

哈希图是区块链的一种改进方案，提供分布式账本和共识机制的数据存储，采用八卦闲聊和虚拟投票（virtual voting）的方式对新产生的交易进行存储及同步。

2.6.1　八卦闲聊

八卦闲聊指的是各个事件定期向相邻事件随机地发送八卦消息（gossip），如图 2.2 所示，首先 Alice 会告诉 Bob 她所知道的所有消息，同样 Bob 也会把他所知

道的都告诉 Alice。其次，Alice 对不同
的随机邻居事件重复此操作，所有其
他成员也会这样做。这样，如果单个
成员接收到新的信息，它将以指数级
的速度在整个社区传播，直到每个成
员都收到这个事件，最后所有拓扑环
境成员都更新完发生过的事件，即达
成共识。

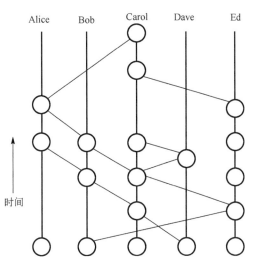

图 2.2　相邻事件之间的八卦闲聊

　　此外，Alice 不仅会知道该事件，
她还会确切地知道 Bob 何时知道了
该事件，即 Bob 收到这个事件的时
间，最后所有成员均更新完毕发生过
的事件历史，当所有成员都维护哈希
图的整体副本数据时，分布式环境中
所有节点就迅速达成了共识。

　　当哈希图随时间向上增长时，不同的成员可能在顶部附近有一些不同的新事件
子集，但它们很快就会收敛到较低的位置，最后所有的节点都会包含完全相同的事
件历史。

　　八卦闲聊中同步的消息内容是：收到的上个事件对应的哈希签名、当前要发送
的事件和当前事件对应的哈希签名。所有节点收到消息后将事件历史同步到本身的
事件记录中，在发送下一个事件时，当前事件就会变成事件历史中的上一个事件。
所有节点都保存当前哈希图拓扑结构中其他节点发生过的事件历史，为哈希图提供
了快速、可靠的溯源性。

2.6.2　虚拟投票

　　当所有节点都收到 Alice 发生的事件后，记录事件历史的账单就完成了同步。
这是因为哈希图所有副本都同步完事件历史后，任意副本 1（如 Bob）就知道了“其
他所有副本都同步了此事件”，同时其他所有副本也都知道“Bob 已经同步了此事
件”，最后达成的共识链可以无限延伸下去，形成全网共识。所有副本同步完成后的
结果就是达成虚拟投票：大家没有围坐一起举手表决，也能公认这一事件，从而达
成共识。

　　在分布式数据存储中，模拟哈希图中完成虚拟投票的结果，就是所有节点都同
步了用户存储的数据，并得到当前已写入最新条目的时间戳，用户可以在查询操作
中检查数据的因果一致性，并检查相关数据的依赖性。

2.7　异步拜占庭容错

拜占庭将军问题是用来描述分布式系统中一致性问题的一个抽象例子。其假设传递消息所使用的信道绝无问题，即信道无损的情况下，当诚实节点多于所有节点数目的 2/3 时，所有节点达成一致性共识；当不诚实节点个数达到或者多于所有节点数目的 1/3 时，该存储库就存在拜占庭错误。而能够处理拜占庭错误的这种容错性称为拜占庭容错（BFT）。

哈希图满足拜占庭容错，而且是异步的拜占庭容错，换句话说，就是不对信息传播速度的快慢做任何假设，就能应对通信故障和拒绝服务攻击。在不诚实节点可以连接其他节点的情况下，如果 Alice 重复向 Bob 发送消息，那么系统最终会要求 Bob 接收其中一个消息。

分布式存储系统在为用户提供服务时可能遇到一些意外，如数据中心发生网络故障、用户请求在服务端产生严重的查询放大行为，在现有模型（如 GentleRain 和 CausalSpartan）中可能会产生明显的 PUT 等待延迟、较高的更新可见性延迟等情况。具有可信约束的因果一致性模型（causal consistency model with trusted constraint，CCT）借鉴哈希图机制进行了改进，使系统完成虚拟投票后，满足异步拜占庭容错（asynchronous Byzantine fault tolerance，ABFT）。可以为用户提供稳定、快速的可用性服务。

2.8　last-writer-wins 策略

如果同一个键（key）的两次写入操作 a 和 b 是并发执行的，且它们之间没有因果关系，则这两次操作之间是冲突的[11]。一个键的两个冲突的写入可能会以不同的顺序被传播到远程副本，这可能会导致远程副本的永远分离。为了解决冲突，使用 last-writer-wins 策略，该策略基于系统定义的时间戳和时钟同步协议实现。如果在执行写入或者更新操作时有两个或者更多项发生冲突，那么拥有最新时间戳的项为优胜者。如果多个项对应的时间戳值相等，那么由系统根据某种规则确定最终的优胜者[12]。

2.9　混合逻辑时钟

混合逻辑时钟（hybrid logical clock，HLC），在时间戳格式中设计了两个分量，第一个是本地物理时钟，第二个是逻辑组件[13]。当某个服务器接收到两个或多个事件请求后，如果单独使用物理时钟不足以追踪因果关系，则 HLC 的逻辑部分会自动向前移动以匹配传入事件的时间戳。

对于两个事件 e 和 f，将它们的混合逻辑时钟分别定义为 hcl.e 和 hcl.f，hcl.e = (p.e,c.e)，hcl.f = (p.f,c.f)，其中 p.e 和 p.f 分别为事件 e 与 f 所拥有的物理时钟，c.e 和 c.f 分别为事件 e 与 f 所对应的逻辑时钟。若 hcl.f > hcl.e，则表示事件 e 发生在 f 之前，此时如果 p.e = p.f，那么为了追踪事件之间的因果关系，必须设置 c.e > c.f。

使用混合逻辑时钟进行时钟同步既发挥了物理时钟的灵活性，又避免了在服务器之间存在时钟偏移的情况下，系统需要一直阻塞本地写入操作，直到本地时钟赶上事件时间戳的情况[14]，从而保证了更新可见性。此外，在没有事件传入的情况下，不同分区之间的 HLC 会以大致相同的速率增长。

2.10　全局稳定机制

如果一个数据中心 i 不再从客户端收到时间戳 ts ≤ t 的更新请求，那么在 t 时刻数据中心 i 达到了一个稳定状态，所有在时间 t 之前写入数据中心 i 的更新对客户端都是可见的[15]。为了更好地指示各个数据中心的稳定状态，目前所提出的一致性模型大都采用了全局稳定机制，现有的全局稳定机制主要分为两种：基于标量的全局稳定机制和基于向量的全局稳定机制。

1. 基于标量的全局稳定机制

对于基于标量的全局稳定机制，各个服务器访问一个单调递增的物理时钟，若客户端向某个服务器写入了一个更新，则该服务器将此刻的物理时钟作为此更新操作的时间戳[16]。不同的数据中心或服务器之间进行通信时，更新时间戳和需要发送的数据内容一同在网络中进行传输。当一个服务器收到另一个服务器发送来的消息后，它会计算出在此之前写入的更新时间戳的最大值(即一个时间点)，在这个时间点之前收到的更新都是因果一致的。然后，固定的时间间隔内，同一个数据中心内部的各个服务器彼此交换所拥有的最大更新时间戳，经计算得到这些更新时间戳的下限(即稳定时间戳)，它就代表了数据中心的稳定状态。采用这种方法实现全局稳定，每个服务器内部仅需存储一个单一标量，降低了系统开销。但仅通过一个同步和单调的本地物理时钟同时追踪本地因果依赖关系与远程因果依赖关系，会增加系统的更新可见性时延。假设系统中存在三个数据中心：DC_1、DC_2 和 DC_3，DC_1 为本地数据中心，DC_2 和 DC_3 为远程数据中心。若 DC_1 的时间戳在 $t = 15$ 时是稳定的，DC_2 和 DC_3 的时间戳分别在 $t = 6$ 和 $t = 9$ 时是稳定的，若想使 DC_2 和 DC_3 中的更新对 DC_1 可见，则系统需要一直阻塞等待，等待至 DC_2 和 DC_3 的稳定时间戳增加到大于等于 15。另外由于各个物理时钟很难以完全相同的速率增长，各个服务器之间可能会出现时钟偏移，从而导致系统必须延迟执行写入操作。

2. 基于向量的全局稳定机制

对于基于向量的全局稳定机制，要求各个数据中心内部都存储一个向量时间戳，这个向量时间戳其实就是一个数组，其中记录了每个数据中心当前的稳定状态。CausalSpartan[17]模型中，Roohitavaf 等提出了数据中心稳定向量(data center stable vector，DSV)的概念，系统中的每个数据中心都在依赖集合(dependency series，DS)中设有一个条目。若数据中心 i 的 DSV[j] = t，意味着所有在时间 t 之前写入数据中心 j 的更新已经在数据中心 i 中可见。同样假设系统中存在三个数据中心：DC_1、DC_2 和 DC_3，DC_1 为本地数据中心，DC_2 与 DC_3 为远程数据中心，若 DC_1 的时间戳在时间 t = 15 时是稳定的，则 DC_2 与 DC_3 的时间戳分别在 t = 6 和 t = 9 时是稳定的，相比于基于标量的全局稳定机制，此时 DC_1 知道 DC_1 和 DC_2 各自的稳定状态，因此 DC_1 可以看到 DC_2 在 t = 6 之前和 DC_3 在 t = 9 之前的所有更新。采用这种方法实现全局稳定，虽然提升了系统的更新可见性，但是由于每个数据中心都需要存储一个向量时间戳，这会增加元数据存储开销。

2.11　第三方信任等级

公钥密码学中的第三方机构的可信度可以由第三方的信任等级来衡量[18]。信任等级分为三级：Ⅰ级、Ⅱ级、Ⅲ级。其中Ⅰ级表示第三方可以访问用户的私钥或是可以得到它，冒充任何用户；Ⅱ级表示第三方无法得到用户私钥，但是可以冒充用户，生成错误的证明，而不被监测出来；Ⅲ级表示第三方不能访问用户的私钥，如果它为用户生成了错误的证明，那么可以被监测出来。

2.12　本　章　小　结

本章介绍了云数据安全所用到的一些理论与技术。理论主要涉及密码学技术，如椭圆曲线密码学、秘密共享方案、梅克尔哈希数、非对称加密、第三方信任等级，上述理论的核心是对数据进行加解密和完整性认证。技术主要有哈希图、异步拜占庭容错、last-writer-wins 策略、混合逻辑时钟、全局稳定机制等，这些技术的核心是如何快速且安全地保证云数据环境下多副本数据一致性问题。

参 考 文 献

[1]　Miller V. Use of elliptic curves in cryptography[C]. Conference on the Theory and Application of Cryptographic Techniques, Santa Barbara, 1985: 417-426.

[2]　Shamir A. How to share a secret[J]. Communications of the ACM, 1979, 22(11): 612-613.

[3]　傅颖勋, 罗圣美, 舒继武. 安全云存储系统与关键技术综述[J]. 计算机研究与发展, 2013, 50(1): 136-145.

[4]　杜明泽. 密码学的研究与发展综述[J]. 中国科技信息, 2010(24): 32-34.

[5]　徐庆征, 罗相根, 刘震宇. 公钥密码体制综述[J]. 现代电子技术, 2004(23): 105-106, 110.

[6]　Sahai A, Waters B. Fuzzy identity-based encryption[C]. Annual International Conference on the Theory and Applications of Cryptographic Techniques, Aarhus, 2005: 457-473.

[7]　Goyal V, Pandey O, Sahai A, et al. Attribute-based encryption for fine-grained access control of encrypted data[C]. Proceedings of the 13th ACM Conference on Computer and Communications Security, Alexandria, 2006: 89-98.

[8]　Bethencourt J, Sahai A, Waters B. Ciphertext-policy attribute-based encryption[C]. IEEE Symposium on Security and Privacy, Oakland, 2007: 321-334.

[9]　徐秋亮, 李大兴. 椭圆曲线密码体制[J]. 计算机学报, 1999, 36(11): 1281-1288.

[10]　高政风, 郑继来, 汤舒扬, 等. 基于 DAG 的分布式账本共识机制研究[J]. 软件学报, 2020, 31(4): 1-20.

[11]　Koblitz N. Elliptic curve cryptosystems[J]. Mathematics of Computation, 1987, 48(177): 203-209.

[12]　Lee C, Chang Y, Yang W. An efficient conflict-resolution approach to support read/write operations in a video server[J]. Software Engineering and Knowledge Engineering, 1997, 67(3): 321-349.

[13]　Thomas R H. A majority consensus approach to concurrency control for multiple copy databases[J]. ACM Transactions on Database Systems, 1979, 4(2):180-209.

[14]　Flores D A, Jhumka A. Hybrid logical clocks for database forensics: Filling the gap between chain of custody and database auditing[C]. Proceeding of the 18th IEEE International Conference on Trust, Security and Privacy in Computing and Communications, Rotorua, 2019: 224-231.

[15]　Yingchareonthawornchai S, Valapil V T, Kulkarni S, et al. Efficient algorithms for predicate detection using hybrid logical clocks[C]. Proceedings of the 18th International Conference on Distributed Computing and Networking, New York, 2017: 1-10.

[16]　Liu C Y, Wang G F, Lin J, et al. Practical construction and audit for trusted cloud execution environment[J]. Chinese Journal of Computers, 2016, 39(2): 339-350.

[17]　Roohitavaf M, Demirbas M, Kulkarni S. CausalSpartan: Causal consistency for distributed data stores using hybrid logical clocks[C]. IEEE 36th Symposium on Reliable Distributed Systems, Hong Kong, 2017: 184-193.

[18]　Girault M. Self-certified public keys[C]. Workshop on the Theory and Application of Cryptographic Techniques, Brigton, 1991: 490-497.

第3章 数据持有性证明研究

3.1 数据持有性证明概述

云存储是从云计算衍生而出的概念，是利用云计算技术和架构来为用户提供按需付费的存储服务，为用户减少了管理数据、硬件购置和维护的费用[1]。用户将数据存储在云中之后，可将数据的本地副本删除，减轻本地存储的负担。然而，云存储系统给人们带来便利的同时也伴随着安全挑战。存储在云中的数据可能遭受内部或外部的攻击。当用户将数据存储到云服务器中，半可信的云服务提供商可能在未经用户授权的情况下对存储在云中的数据进行修改和删除等操作。近来，威胁云数据安全的事件频繁发生，现将威胁云数据安全的原因总结如下。

(1)服务器发生故障，这种故障虽属于小概率事件，但发生会给用户造成巨大的伤害。

(2)存储在云中的数据可能遭到黑客或者其他用户的窃取，导致用户信息泄露。

(3)云服务提供商(CSP)为了经济利益，可能删除一些用户不常访问的数据。

因此，数据所有者可能会不时地向云服务提供商发出完整性挑战，验证云存储数据的完整性和正确性。为了达到这一目的，越来越多的数据持有性证明(provable data possession，PDP)方案被相继提出，进而满足不同用户的实际需求。在数据持有性证明的过程中，云存储服务器需向验证者(用户或第三方审计者(third party auditor，TPA))证明用户数据被完整保存，此过程为完整性验证机制。

云存储条件下的数据完整性证明方案可以根据验证者分为两种，即验证者为用户的私有验证机制和验证者为第三方审计者的公开数据完整性验证机制。第一种验证机制仅由两部分实体组成：用户和云服务提供商，如图 3.1 所示。云服务提供商是为方案提供弹性伸缩服务的实体。它可以为用户提供按需付费的服务，拥有海量的存储空间和较强的计算能力。在图 3.1 中，云存储服务提供商根据用户的需求提供相关资源，为其提供存储、管理和共享等服务。用户，即数据持有者，可以是个人或者公司机构。由于存储空间有限，他们需将其大量数据外包给云存储服务提供商。在第一种验证机制中，用户也将作为验证方对云存储数据的完整性进行验证。在图 3.1 中，用户需要将其数据外包给云存储服务提供商，并需要在数据外包的过程中对存储在云端的数据进行验证，以维护自身权益。

图 3.1　私有数据完整性验证机制

第二种验证机制由三部分实体组成:用户、云服务提供商和第三方审计者,如图 3.2 所示。在这种方案中,第三方审计者通常由政府和可信机构担当,具备专业的验证知识和丰富的经验,为用户和云服务提供商提供令人信服的结果。他们对用户和云服务提供商负责,对外包数据的完整性进行验证。在图 3.2 中,用户将数据上传至云端,同时委托第三方审计者充当验证者向云服务提供商发起数据完整性挑战,云服务提供商将证据发送给第三方审计者,第三方审计者执行数据完整性验证,并将审计结果告知用户。

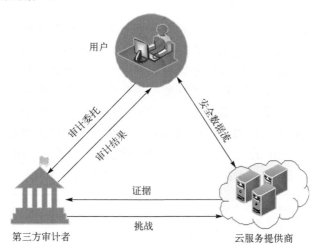

图 3.2　公开数据完整性验证机制

3.2　研　究　现　状

3.2.1　基于实现原理的数据持有性证明机制

基于实现原理的数据持有性证明验证机制分为基于哈希的消息验证代码(Hash-based message authentication code,HMAC)的 PDP 验证机制、基于 RSA 签名的 PDP 验证机制、基于 BLS(Boneh-Lynn-Shacham)签名的 PDP 验证机制、基于身份的 PDP 验证机制和基于代数签名的 PDP 验证机制,如图 3.3 所示。

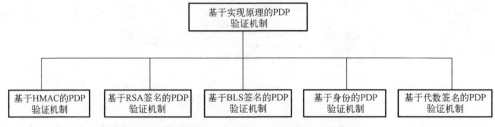

图 3.3　基于实现原理的数据持有性证明机制

　　数据持有性证明机制的雏形是由 Deswarte 等[2]利用 HMAC 函数构造消息认证码，用于验证数据的完整性。用户将数据上传到云服务器前，预先计算数据的 MAC（message authentication code）值，并保存在本地。验证时，用户需要从云存储服务提供商中下载原数据，并计算其 MAC 值，与保存在本地的 MAC 值进行对比验证，以判断存储在云端的数据是否完整。由于验证过程中需要下载整个原数据且验证次数有限，给用户带来了巨大的计算和通信开销。为此，Deswarte 等[2]利用 RSA 签名机制的同态特性来验证数据的完整性，该机制可以进行无限次验证，但针对较大的数据，计算开销还是很大的。数据持有性证明这个概念是由 Ateniese 等[3]提出的，2007 年，Ateniese 等[3]最先对数据持有性证明方案进行了形式化建模，提出了对数据文件进行分块的思想，降低了标签生成的代价，并利用同态认证标签将多个数据的标签聚合成一个值，有效地减少了计算和通信开销。验证时，采取随机抽样的方法对云中数据进行完整性验证，通过对部分数据块的检测来推测整体数据的完整性。Ateniese 等[3]提出的基于 RSA 的 PDP 验证机制主要分为设置（setup）和验证（verify）两个阶段，基于 RSA 的 PDP 验证机制示意图如图 3.4 所示。

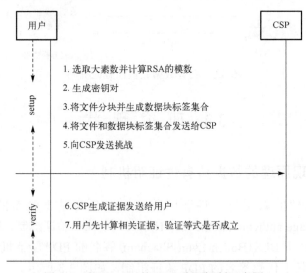

图 3.4　基于 RSA 的 PDP 验证机制示意图

Boneh 等[4]提出的 BLS 签名机制是一种具有同态特性的短消息签名机制，在同等安全条件下，RSA 的签名位数是 1024bit，而 BLS 的签名位数大约为 160bit。因此，BLS 签名是比 RSA 签名更短的签名机制。此外，BLS 签名机制具有同态特性，可以将多个数据块的值聚合成一个值。因此，基于 BLS 的 PDP 验证机制有效地降低了存储和通信开销，且基于 BLS 的 PDP 验证机制支持公开验证，用户将审计任务委托给第三方审计，由第三方审计者(TPA)代替用户完成审计工作，进而减轻了审计负担。基于 BLS 的 PDP 验证机制如图 3.5 所示。上述的 PDP 验证机制是基于公钥基础设施(public key infrastructure，PKI)的验证机制，需要耗费资源来管理和维护证书。为了减少繁杂的证据管理工作，2006 年，Gentry 和 Ramzan[5]提出了基于身份的聚合签名，使得验证的总消息最短。Zhao 等[6]基于身份的集合签名提出了第一个基于身份的公共验证方案，该方案只有私钥生成器(private key generator，PKG)拥有传统的公钥，用户只是保留其身份而不与证书绑定，简化了密钥管理，减少了通信和计算开销。该方案在计算 DH(Diffie-Hellman)假设的严格性条件下，在随机预言模型中可以证明是安全的。Li 等[7]引入基于模糊身份的验证机制解决了云数据完整性中复杂密钥管理问题。他们利用生物识别技术提出了一种基于模糊身份的审计结构，且该协议具有一定的容错性，但该方案所需的计算和通信开销较大。

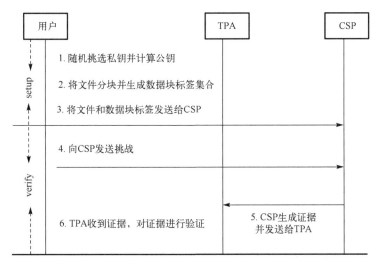

图 3.5　基于 BLS 的 PDP 验证机制

代数签名是指具有某些代数性质的哈希函数将较大的数据文件压缩成很小的比特串参与运算和通信。基于代数签名的 PDP 验证机制与其他的验证机制相比，只需要较低的网络带宽且有较低的计算开销和较高的效率。Wang 等[8]提出了一种基于代数签名的远程数据审查方案，以验证存储在云中数据的完整性。该方案中代数签名的运算速度可达到数十至数百兆字节，在挑战阶段和响应阶段数据块的大小仅为200B 与 8KB，进一步减少了带宽开销。当云服务器中的一部分数据块损坏或被删除时，第三方审计者只能验证少量的数据块来检查数据的完整性，但为了数据的绝对安全需要验证完整的数据，因此需要较大的计算开销去保证数据的安全性。

3.2.2　基于应用场景的 PDP 验证机制

在数据持有性证明的发展历程中，为了适应不同用户的要求与需要，多种适应于不同场景的证明机制相继被提出。

1. 支持动态操作的 PDP 验证机制

考虑到用户会随时更新存储在云中的数据，Ateniese 等[9]提出了支持部分动态的数据持有性证明方案，但该方案无法执行插入操作。为了解决该问题，Erway 等[10]基于跳表结构提出了支持全动态操作的 PDP 机制，但每次在认证过程中需要大量的辅助认证消息，且认证路径过长，使其计算和通信开销较大。Wang 等[11]提出基于梅克尔哈希树(MHT)的 PDP 验证机制，该动态结构相比跳表更为简单，且可以确保数据节点在位置上的完整性。

2013 年，Zhu 等[12]引入了一个简单的数据结构，称为索引哈希表(index Hash table，IHT)，用于记录每个数据块的变化。基于 IHT 的 PDP 验证机制减少了存储成本和通信开销。但在进行插入和删除操作上效率不高。大多数动态 PDP 方案将数据块的索引运用到其标签的计算中。但是，如果插入或删除一个块，所有后续块的索引都会改变，需要重新计算这些块的验证标签(validation tag，VT)，这会耗费巨大的计算资源。

为此，Tian 等[13]基于新的动态结构——动态哈希表(dynamic Hash table，DHT)提出了新的标签构建方式，如图 3.6 所示，该表由 2 种元素构成：文件元素和块元素。图中"∧"表示空指针。文件元素由序列号和身份(identity document，ID)号标识，块元素由时间戳唯一标识，文件元素和块元素之间由指针进行连接，进行插入删除操作只需更改指针即可，有效地减少了通信成本且提高了效率。为了支持动态操作，大部分数据持有性证明方案都引入了动态结构，但动态结构需要一定的存储空间，为此 Jin 等[14]提出基于索引切换器的支持动态和仲裁的公共审计方案，通过索引切换器将数据块的序列号和索引号进行切换，在没有引入动态结构的前提下，有效地处理了数据动态的问题。但这一方案没有考虑到数据块的序列号和索引号之间进行切换所带来的隐私泄露问题。

为了提高动态操作效率，跳表、MHT、哈希表和双链表等多种动态结构被相继提出，支持动态操作已经成为目前多数 PDP 验证方案重要的功能，在不泄露用户隐私且轻量级的情况下，需要设计出一套完整的动态 PDP 验证机制，该机制支持将动态操作应用到各种场景，以满足更多的应用。

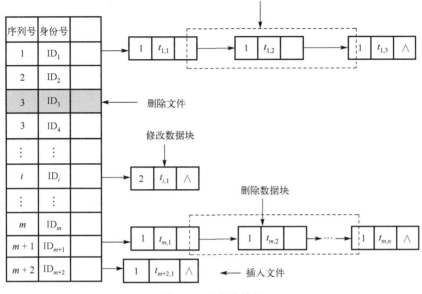

图 3.6　动态哈希表

2. 支持隐私保护的 PDP 验证机制

为了防止第三方审计者泄露用户的隐私，Wang 等[15,16]采用随机掩码技术解决了该问题。该方案的实现原理是基于 BLS 签名的 PDP 验证机制，为了防止计算证据 $\mu = \sum_{i=s_1}^{s_c} v_i m_i$（$v_i$ 为由第三方审计者产生的随机数，m_i 为文件 m 被划分为 n 个数据块中的一个）过程中，出现数据隐私泄露，引入两个参数 r、γ 来隐藏 μ 值。保护数据隐私的 PDP 验证机制[15,16]能防止第三方审计者泄露用户的隐私，为用户的隐私提供了安全保障。支持隐私保护的 PDP 验证机制的具体实现过程中的 setup 阶段与基于 BLS 的 PDP 验证机制（图 3.5）中的 setup 阶段一致，验证阶段多了对隐藏参数的计算。

Wang 等[17]利用环签名概念构造同态身份验证者，使得第三方审计者和云存储服务提供商无法知晓数据，但不支持数据动态操作。Pasupuleti[18]提出了利用 MHT 对编码数据进行索引，有效地保护了用户数据隐私且实现了动态的公共审计。它支持数据进行插入、修改和删除操作，且所提出的审计方案使得通信和计算成本最小化。Tajan 等[19]提出了一种增强保护数据隐私的系统，利用 RSA 算法和高级加密标准（advanced encryption standard，AES）算法对数据加密，在数据存储到云端之前，这两种算法的结合为其提供了更好的机密性。技术是保护隐私最直接的手段，基于隐私的 PDP 验证机制多采用随机掩码技术，对于多样性和复杂性的大数据时代，有待进一步开发更多的技术来保护用户的隐私。

3.2.3　基于不同实体的 PDP 验证机制

　　针对单点故障，Masood 等[20]基于分布式哈希表（distributed Hash table，DHT）提出了一个分布式公共设计方案。这项工作中有多个第三方审计者，基于点对点协议将审计者组成一个分布式哈希表。第三方审计者统一使用一致的哈希函数，通过其物理标识（如端口号或某个唯一数字）生成唯一的 m 位的关键值（A_1，A_3，A_6）。该值可以为第三方审计者实现如图 3.7 所示的适当结构。这一公共审计模型为每个审计者提供文件密钥及其唯一标识。例如，生成的文件密钥 f_3、f_4 和 f_5 能通过 A_3 进行分组审核。该方案被称为一种经济有效的解决方案且没有单点依赖性。针对多用户的公共审计问题，Yuan 和 Yu[21]提出支持多用户修改和高效撤销某用户的数据持有性证明方案。

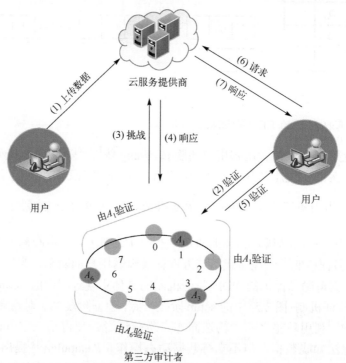

图 3.7　多个 TPA 的云存储模型

　　因此如何确保跨云存储数据的完整性也是需要深入研究的问题。Zhu 等[22]对跨平台云存储的数据完整性证明机制过程模型化，但对下一步的实现过程没有详细说明，在实际应用中需要设计该证明机制，进而去满足更多的应用。此外，为了提高数据的可用性和可靠性，用户可能选择多个云平台来存储自己的数据[23]。

　　近些年来随着区块链技术迅速崛起，它被应用到数据持有性证明中，Xu 等[24]基于区块链技术提出了分布式可仲裁数据审计方案，利用区块链网络作为自记录通道，实现了不可抵赖性验证。现如今已步入大数据时代，区块链和神经网络技术等各种应用给人们的生活带来了越来越大的影响，相信在不久的未来，云存储会结合各种应用技术来实现高安全和高效率的验证方案。

3.3　可撤销的无证书数据持有性证明方案

3.3.1　系统模型和安全模型

1．系统模型

本方案的系统模型包括 4 个实体：KGC（key generation center）、用户（user）、KTC（key translation center）和 CSP，如图 3.8 所示。其中 KGC 为密钥生成器，功能是产生系统的公共参数、部分密钥及时间主密钥；user 是由基础栈构成的，基础栈相当于物联网中的智能设备，对物联网中传感器收集到的数据进行收集、存储或使用；KTC 是利用 TPM（trusted platform module）联盟的可信云平台技术构建的一种结构[24]，由于用户计算能力及存储能力比较弱，KTC 能够帮助用户产生数据标签，向云服务商发出挑战信息，检验证据的正确性等；CSP 能够为用户数据提供存储功能，产生时间密钥，撤销用户，对相应挑战产生证据证明并挑战块的完整性[25]。

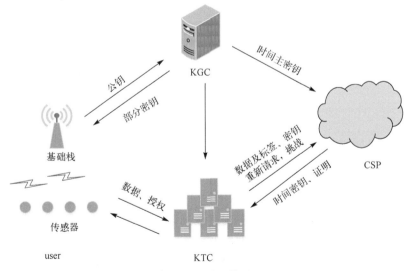

图 3.8　系统模型

考虑到用户计算能力弱及恶意第三方情况，本节设计了 KTC 结构[26]。KTC 可以帮助用户进行计算与审计，能防止第三方合谋，保证第三方可信。KTC 云联盟结构如图 3.9 所示。

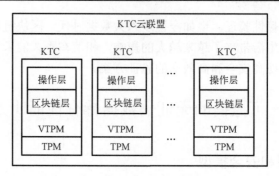

图 3.9　KTC 云联盟结构

KTC 逻辑结构中包括多个可信平台模块（TPM）、VTPM（virtual TPM）、操作层及区块链层。其中 TPM 是一个芯片，是物理可信平台模块，用于建立信任链，其作用是对信息值的可信度量。VTPM 是虚拟可信平台模块，是对 TPM 应用的扩展，能够解决 TPM 存在的性能缺陷。操作层逻辑结构如图 3.10 所示。

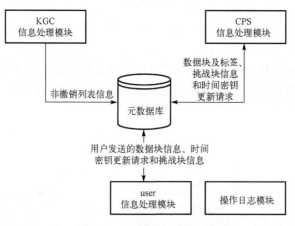

图 3.10　操作层逻辑结构

从图 3.10 可以看出，操作层包括四个模块：KGC 信息处理模块、CSP 信息处理模块、user 信息处理模块、操作日志（operation log，OL）模块。其中 KGC 信息处理模块将 KGC 发送的非撤销列表信息存储于 KTC 元数据库中；user 信息处理模块接收用户发送的数据块信息、时间密钥更新请求和挑战块信息，将它们存储于元数据库中，并计算数据块标签，将数据块及标签、挑战块信息和时间密钥更新请求发送至 CSP 信息处理模块；CSP 信息处理模块将证明信息存储于元数据库中，时间密钥更新信息返回给用户；操作日志模块存储操作层中的操作信息。

为了防止 KGC、KTC、CSP 两两合谋，例如，KGC 与 CSP 合谋对用户进行非法撤销，需要对非撤销列表进行记录；KTC 与 CSP 进行合谋，对审计结果进行修改，需要对审计信息及结果进行记录；KGC 与 KTC 合谋，KGC 将用户部分密钥、时间主密钥等信息泄露于 KTC，则用户数据隐私问题受到威胁，需要对操作日志进行记录。区块链是公共的分布式账本，具有公开、不可修改、可追溯等特点，故引入区块链可以对操作日志信息、可信度量值、非撤销列表等信息进行记录，形成不可更改的证据，以对抗恶意的第三方。故在 KGC、KTC、CSP 三者之间建立区块链，在 KTC 逻辑结构中建立区块链层。

区块链层由多个区块链节点构成，每个区块链节点都基于可信的 TPM。区块链节点在区块链网络中进行监听、接收、广播信息操作。区块链由区块头和区块体组成。区块头中包括信息有前区块的哈希值，用于防止前面信息的修改；度量信息的哈希值，用于表示度量值信息；区块信息，记录选中节点的信息并保存在该区块中；时间戳用于记录区块写入时间，使区块产生时序性。区块体中包括记录系统、组件、软件运行状态等度量值，非撤销列表，操作日志。区块链节点负责监听、接收、计算、记录、广播等工作，并根据文献[26]中的领导选举共识算法，达成共识。当任意节点达成共识后，该节点将度量值、非撤销列表、操作日志信息记入新的区块。新区块完成后，进行下一次的共识。

可撤销的无证书数据持有性证明（revocable certificateless provable data possession，RE-CL-PDP）方案包括以下 8 个基本算法。

（1）Setup：该算法由 KGC 运行，输入安全参数 k，为系统产生公共参数、系统密钥及时间主密钥，发送时间主密钥给 CSP。

（2）UserKeyGen：用户（user）执行该算法，通过输入系统参数和身份 ID，产生公私密钥对。

（3）UserParKey：KGC 执行该算法，通过输入系统参数、user ID 及其公钥，为 user 生成部分密钥，并发送给 user。

（4）TimeKeyUp：该算法由 CSP 运行，当 CSP 收到 user 的时间密钥更新请求时，查看 user ID 是否在撤销用户列表中，若存在，则拒绝更新。否则，运行该算法，输入时间主密钥，为 user 产生新的时间密钥，发送给 user，user 可以通过公式计算，检查时间密钥的正确性。

（5）TagGen：user 运行该算法，对于文件，产生一次使用的签名密钥和检验密钥，为文件产生文件标签，并将文件、文件标签及相关参数发送给 CSP。

（6）ChalGen：该算法由 TPA 执行，对 CSP 发出挑战。

（7）ProofGen：CSP 运行该算法，当收到来自 TPA 的挑战时，为挑战生成相应的证据，并将证据返回给 TPA。

（8）ProofVer：当 TPA 收到 CSP 的证据后，运行该算法，检验证据的正确性，从而证明数据的持有性。

2. 安全模型

在无证书的数据持有性证明（certificateless provable data possession，CL-PDP）方

案中通常需要抵抗以下两种类型的攻击。

攻击类型Ⅰ：敌手 A 不能访问系统的主密钥及用户的部分密钥，但是敌手 A 能随机选择某数值替代任何用户的公钥。

攻击类型Ⅱ：敌手 A 能够访问系统主密钥及用户的部分密钥，但是敌手 A 不能随机选择某数值来代替用户的公钥。

基于以上两种类型的攻击，参照文献[21]中安全模型的定义，为了使其适应于单用户可撤销的 CL-PDP 方案，定义了一个新的安全模型。

初始化：挑战者 C 输入一个安全参数 k，运行 Setup 算法，然后返回系统参数 params 给敌手 A。如果敌手 A 是攻击类型Ⅰ中的攻击者，那么挑战者 C 保持主密钥私有，否则敌手 A 就是攻击类型Ⅱ中的攻击者，挑战者 C 发送主密钥给敌手 A。

询问：敌手 A 可以进行以下询问。

(1)用户密钥询问：当挑战者 C 收到敌手 A ID 的密钥请求时，挑战者 C 运行 UserKeyGen 算法，为用户 ID 产生公私钥，运行 UserParKey 算法为用户产生部分密钥，并将用户的公钥发送给敌手 A。将产生的密钥值及部分密钥存入表 L_1 中。

(2)部分密钥询问：当收到敌手 A 关于用户 ID 的部分密钥请求时，挑战者 C 搜索表 L_1，如果没有发现关于 ID 的条目，则停止；否则返回部分密钥给敌手 A。

(3)密钥值询问：当收到敌手 A 关于用户 ID 的密钥值请求时，挑战者 C 将 ID 的密钥值发送至敌手 A。

(4)时间密钥询问：当收到敌手 A 进行时间密钥查询请求时，挑战者 C 运行算法为用户 ID 产生一个时间密钥，返回给敌手 A。

(5)公钥值替代：当敌手 A 想要替代用户公钥值时，将替代值发送给挑战者 C，挑战者 C 将 ID 所对应的条目中的公钥值进行替代。

(6)标签询问：当敌手 A 对于文件 F 分块加密后进行标签询问时，挑战者 C 为文件块产生相应的标签，并将标签发送给敌手 A。

(7)伪造 x：敌手 A 输出挑战用户 ID^* 的检验密钥 A_F^* 及标签 T^*。如果挑战者 ID^* 的标签 T^* 是合法的，T^* 不是由敌手 A 标签询问得到的，ID^* 也没有出现在部分密钥询问或是密钥值询问中，那么敌手 A 赢了游戏。

3.3.2　详细设计

本节主要对方案中的算法进行具体的描述。

(1)Setup：给定一个安全参数 k，KGC 选择一个素数为 q 的加法循环群 G，其中 $p \in G$ 是 G 的生成器。KGC 选择 $x, t \in Z_q$，其中 x 作为系统主密钥，t 作为时间主密钥。保持 x 私有，并发送 t 至 CSP。计算 $X = xp$，$T = tp$。选取 5 个哈希函数：$H_i : \{0,1\} \rightarrow Z_q^*, i = 1,2,3,4,5$。最后将 params $= \{k, q, P, G, X, T, H_i\}$ 公开，作为系统参数。

(2)UserKeyGen：用户选择 $u \in Z_q^*$ 作为用户私钥，计算 $U = up$，随后将其作为用

户公钥。

（3）UserParKey：KGC 选取 $y \in Z_q^*$，计算 $Y = yp$，$h_1 = H_1(\text{ID} \| Y \| U \| X \| T)$，$Z = y + xh_1(\bmod q)$，则将 (Y, Z) 作为用户的部分密钥发送给用户。

（4）TimeKeyUp：当接收到用户的密钥更新请求 (ID, t_i) 时，CSP 会查看撤销用户列表。只有当用户为非撤销用户时，选取 $Y_T \in Z_q^*$，计算 $Y_T = Y_T p$，$h_2 = H_2(\text{ID} \| Y_T \| t_i)$，$Z_T = Y_T + th_2(\bmod q)$，$(Y_T, Z_T)$ 作为用户的时间密钥，发送给用户。用户可以通过式 (3.1) 来判断时间密钥的正确性：

$$Y_T = Y_T + h_2 T \tag{3.1}$$

（5）TagGen：用户将文件 $F = \{m_i\}$ 加密，分成 n 块，则 $F' = \{m_i'\}$，选择 $a_F \in Z_q^*$，计算 $A_F = a_F p$，并将其作为一次使用的签名与检验密钥。计算 $h_2 = H_2(\text{ID} \| Y_T \| t_i)$，$h_3 = H_3(\text{ID} \| Y \| U \| Y_T \| A_F)$，$V = a_F(h_2 + Z) + Z_T \bmod q$，$h_4 = H_4(\text{NI} \| i)$，其中，NI 为文件名；计算标签 $\sigma_i = (m_i' + a_F h_4)\, p$，$D = Zp$，$V_F = a_F D$。最后将文件及标签等相关参数 $\theta = \{\{m_i'\}, \{\sigma_i\}_{i=1}^n, V, A_F, V_F\}$ 发送给 CSP。

（6）ChalGen：检验者选择一个集合 $I \in \{1, 2, \cdots, n\}$，$w_i \in Z_q^*$，其中 $i \in I$。然后检验者发送挑战信息 $\{i, w_i\}_{i \in I}$ 给 CSP。

（7）ProofGen：CSP 收到挑战信息后，选取 $x_c \in Z_q^*$，计算 $\sigma_c = \sum_{i \in I} w_i \sigma_i$，$X_c = x_c V_F$，$\varepsilon = \alpha_c x_c$，$\varphi = \sum_{i \in I} w_i m_i'$，CSP 将证明 $\rho = \{A_F, V_F, X_c, \sigma_c, \varepsilon, \varphi, V\}$ 发送至检验者。

（8）ProofVer：当检验者收到来自 CSP 的证明后，计算 α_c，h_2，h_3，h_4，最后判断式 (3.2) 是否成立，来判断证明的正确性：

$$\varepsilon(Vp - h_3 A_F - Th_2 - Y_T) + T_c = A_F \sum_{i \in I} w_i h_4 + \alpha_c X_c + \varphi p \tag{3.2}$$

式中，T_c 表示云服务商的度量值，由 CSP 为用户响应和数据完整性验证确定。

3.3.3　性能分析

本节将 RE-CL-PDP 方案与其他方案进行对比分析。

1. 特性分析

首先将 RE-CL-PDP 方案与其他方案进行特性分析，结果如表 3.1 所示。

2. 计算开销

假设用户数据分为 n 块，挑战块数为 c 块。本节将 RE-CL-PDP 中标签生成、挑战和证明三个阶段的计算开销与相似方案[27-29]进行了对比分析。对相关运算进行符号定义，用 T_p 代表一个双线性对运算时间，用 $T_{\exp}$ 代表一个指数运算时间，用 T_{mul} 代

表一个 G 上的乘法运算时间,用 T_h 代表一个 Hash 到点的运算时间,其他运算如 G 上的点加法运算、Z_q^* 上的乘法运算和原始的 Hash 运算由于具有较少的计算时间,故评估时忽略不计。

表 3.1　特性分析

方案	特性					
	公开验证	可撤销	隐私保护	无证书	无双线性对运算	信任等级
文献[27]的方案	√	√	√	×	×	I
文献[28]的方案	√	√	√	√	×	II
文献[29]的方案	√	×	√	√	×	II
RE-CL-PDP 方案	√	√	√	√	√	III

在文献[27]的方案中标签生成阶段用户的计算开销为 $2nT_{exp} + nT_{mul} + nT_h$,CSP 生成证据所需的计算开销为 $(c-1)T_{mul} + cT_{exp}$,检验者检验所需的计算开销为 $cT_h + (c+3)T_{mul} + (c+3)T_{exp} + 2T_p$,总的计算开销用 T_{27} 表示,即

$$T_{27} = (n+c)T_h + (n+2c+2)T_{mul} + (2n+2c+3)T_{exp} + 2T_p$$

文献[28]的方案三阶段计算开销分别为 $2nT_{exp} + nT_{mul}$、$(c-1)T_{mul} + cT_{exp}$ 和 $(c+3)T_{mul} + (c+1)T_{exp} + 3T_p$,总的计算开销用 T_{28} 表示,即

$$T_{28} = (n+2c+2)T_{mul} + (2n+2c+1)T_{exp} + 3T_p$$

文献[29]的方案三阶段计算开销分别为 $2nT_h + 2nT_{mul}$、$(n+1)T_{mul}$ 和 $(c+1)T_h + (c+5)T_{mul} + 2T_p$,总的计算开销用 T_{29} 表示,即

$$T_{29} = (2n+c+1)T_h + (2n+2c+6)T_{mul} + 2T_p$$

本节的 RE-CL-PDP 方案三阶段计算开销分别为 $(n+4)T_{mul}$、$(c+1)T_{mul}$ 和 $7T_{mul}$。总的开销用 T_{ours} 表示,即

$$T_{ours} = (n+c+12)T_{mul}$$

与文献[27]的方案相比,得到计算开销差值为

$$\Delta T_{27} = (c-10)T_{mul} + (2n+2c+3)T_{exp} + 2T_p \approx 22.40n + 28.78c + 9.82$$

同理,与文献[28]的方案相比,得到计算开销差值为

$$\Delta T_{28} = (c-10)T_{mul} + (2n+2c+1)T_{exp} + 3T_p \approx 22.40n + 28.78c + 8.43$$

与文献[29]的方案相比,得到计算开销差值为

$$\Delta T_{29} = (n+c-6)T_{mul} + (2n+c+1)T_h + 2T_p \approx 12.46n + 9.42c + 8.77$$

因为 n 与 c 都是正值,所以以上结果都是正值,故与其他三个方案相比,RE-CL-PDP 方案具有较少的计算开销。根据文献[30]的方案分析,当文件中有 1%

损害的数据块且挑战块数 c 取 300 时，能够检测出来的概率为 95%；当 c 取 460 时，概率为 99%。所以进行评估时令 c 取 460。n 为 200～2000，增值为 200。应用 MIRACL(multiprecision integer and rational arithmetic C/C++ library)库[31]对相应操作进行计算，得到相应的运行时间。

3. 通信开销

本节讨论方案在标签生成阶段及挑战证明阶段的通信开销。假设一个 G_1 上的数据大小用 $|G_1|$ 表示，一个 Z_q^* 上的数据大小用 $|Z_q^*|$ 表示。RE-CL-PDP 方案在标签生成阶段的通信开销由用户的文件、标签等参数产生，该阶段的通信开销为 $(n+2)|G_1|+(n+1)|Z_q^*|$；在挑战证明阶段的通信开销由 TPA 向 CSP 发送挑战信息及 CSP 向 TPA 发送证据信息产生，该阶段的通信开销为 $4|G_1|+(2c+3)|Z_q^*|$，总的通信开销为 $(n+6)|G_1|+(2c+n+4)|Z_q^*|$。文献[29]的方案这两个阶段的通信开销分别为 $(n+2)|G_1|+(n+1)|Z_q^*|$，$4|G_1|+(2c+1)|Z_q^*|$。总的通信开销为 $(n+6)|G_1|+(2c+n+2)|Z_q^*|$。RE-CL-PDP 方案与文献[29]的方案的通信开销相差 $2|Z_q^*|$，可以忽略不计。

4. 用户撤销

本节主要讨论 RE-CL-PDP 方案与文献[28]的方案在用户撤销方面的开销问题。方案中撤销用户数用 N 表示。文献[28]的方案中非法用户的撤销开销主要来源于非撤销用户产生两个参数的开销 T_{exp}，撤销用户产生两个参数的开销 $T_{exp}+T_{mul}$ 及云服务对撤销用户的文件标签进行转化的开销 $2nT_{exp}+nT_h+nT_{mul}$，所以总的撤销开销为 $T_{RE[28]}=N\{(2n+2)T_{exp}+nT_h+(n+1)T_{mul}\}$。可以看出 $T_{RE[28]}$ 与撤销用户数及用户数据块数有关。RE-CL-PDP 方案在用户撤销时几乎没有计算开销。当非法用户请求更新时间密钥时，可信云平台会查询非撤销用户列表，如果用户在列表中，那么对用户的时间密钥进行更新；否则，拒绝对该用户的时间密钥进行更新。

RE-CL-PDP 方案解决了 PDP 方案中存在的证书管理及密钥托管问题，提升了第三方的信任等级，提高了方案的效率，保证了方案的可信性。此外，RE-CL-PDP 方案具有公开验证、隐私保护、用户撤销、无双线性对运算等特性。

3.4　关联标签的云数据完整性验证方案

3.4.1　电子健康记录示例

本节提供了一个电子健康记录(electronic health record，EHR)的示例，如图 3.11 所示。在此示例中，EHR 的数据信息包含两部分：第一部分是公共信息，如用户的 ID 号(ID =2952)和医生的 ID 号(DocID =12)。第二部分是敏感信息，如用户名

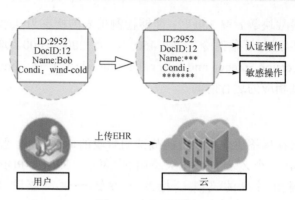

图 3.11　EHR 示例

（name=Bob）和用户的条件（Condi=wind-cold）。当出于研究目的将 EHR 存储到云中时，敏感信息应替换为通配符。对于一些常见的 EHR 系统，用户必须定期更新敏感数据，操作日志（OL）的泄露将对用户造成严重损害。我们将验证标签（VT）分为两部分，即认证标签（authentication tag，AT）和敏感标签 TV，并通过检测标签的正确性来验证 OL 的完整性。

接下来将对用户数据的操作分为认证操作和敏感操作。认证操作是指对公共信息的操作，而敏感操作是指对敏感信息的操作。由于敏感信息的频繁变化，为了便于管理，对敏感信息的操作分为隐私操作和附加操作。6 个数据块被视为示例来说明 OL 数据块，如图 3.12 所示，使用 f_1、f_2 分别表示用户 ID 号和医生 ID 号的 OL；f_3、f_4 分别表示用户名和条件的 OL；f_5、f_6 分别表示附加信息的 OL，如医生姓名 DocNam 和护士姓名 NurNa。用户敏感信息的相应 OL 数据块被上传后这些数据块的内容可能会变成乱码。为了验证云的数据完整性，每个数据块对应一个验证标签，它们一起存储在云中。由于以下原因，分组是必要的：首先，在数据分组之后，在经过身份验证的 OL 数据块和敏感 OL 数据块之间建立关联关系。其次，通过为数据块的组生成 VT，在每组标记之间建立关联。最后，可以通过随机测试 AT 的完整性来获得 ST 的完整性，以实现关联验证。

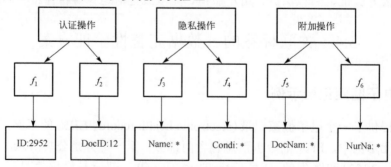

图 3.12　数据块分类图

3.4.2　系统框架

1. 系统模型

如图 3.13 所示，系统模型包含三种类型的实体：用户、TPA 和云。

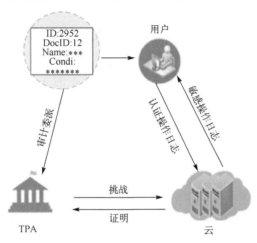

图 3.13　系统模型

用户：用户是数据所有者(拥有原始数据的个人或公司)，需要在云中存储大量数据文件。大多数终端用户的计算资源和计算能力有限，如智能手机。

TPA：TPA 是一个公共验证机构，负责代表用户验证云数据的完整性。TPA 可以通过在云中执行挑战验证协议来检查云是否正确地存储用户数据。TPA 向云发出挑战后，云将用户数据的证明返回给 TPA，TPA 通过验证证明的正确性来确定云数据的完整性。

云：云拥有大量的存储空间和强大的计算资源，为用户提供数据存储服务。通过云存储服务，用户可以将数据上传到云中，并与他人共享数据。

用户首先对与个人公共信息和敏感信息相对应的 OL 进行分组。因此，OL 被分为两部分：认证操作日志(authentication operation log，AOL)和敏感操作日志(sensitive operation log，SOL)。用户将这些 OL 发送到云，云存储它们并生成相应的标签。这些标签用于保证 OL 的真实性和验证 OL 的完整性。当 TPA 想要验证存储在云中的 OL 的完整性时，它会向云发送一个审计质询。然后，云对 TPA 做出响应，提供数据拥有的审计证明。最后，TPA 通过检查该审计证明是否正确来验证 OL 的完整性。

2. 设计目标

在正常情况下，用户可以享受 CSP 提供的低成本、高性能的云存储服务。同时，

CSP 记录用户的 OL，并通过只读应用程序接口(application programming interface，API)在专门的网站上定期发布每个 OL 的证明。为了减轻频繁验证过程给用户带来的负担，已经提出了各种公共审计方案，他们使 TPA 能够代表用户执行完整性审计任务。在 OL 的公共审计方案中通常认为 TPA 可信但好奇，即 TPA 可以可靠地验证 OL 的完整性，但可能对 OL 的内容感到好奇。为了更好地保障隐私，并有效地进行 OL 的完整性验证，方案应实现以下目标。

(1)公开验证：用户将数据存储到存储服务器，TPA 作为用户代理公开验证数据的完整性。

(2)正确性：TPA 可以通过审计流程验证云数据的完整性。

(3)可检测性：云接受 TPA 的挑战，TPA 接受云的证明，云通过 TPA 的验证。在这个过程结束时，云应该以不可忽略的概率存储被质询的块。

(4)隐私安全：当 TPA 验证数据完整性时，它无法找到更有价值的数据信息。

(5)验证关联：在操作关系一致的前提下，可以从 AOL 推断 SOL 的验证结果。

3. 主要贡献

为了获得更好的隐私保障并有效地验证 OL 的完整性，本节设计了云数据完整性验证关联标签(cloud data integrity verification associated tag，CDIVAT)。主要贡献体现在四个方面。

(1)为 OL 构建了一个新的云存储审计方案，该方案支持有效的完整性验证。在方案中，关联关系是在 OL 中建立的。然后，根据数据块的类型对 VT 进行分组。最后，实现了对 VT 的分类关联验证。

(2)构造了一个用于预处理用户操作的操作算法。该算法无须更新块的标记，并且可以实现直接验证，而无须考虑 OL 是否更新。

(3)安全性分析表明，该方案是安全的，能够同时支持标签的不可见性和审计相关性。该方案可以有效地防止公共审计者获得数据块与其标记之间的一一对应关系。

(4)实验分析表明，该方案降低了完整性验证开销。本节将该方案的性能与现有技术进行了比较。实验结果验证了该方案的有效性。

3.4.3 具体方案

1. 算法定义

关联标签的云数据完整性验证方案(如 CDIVAT)可以分为两个阶段：安全日志阶段和关联验证阶段。安全日志阶段负责准备操作，包括操作日志生成和操作日志关联两个步骤。关联验证阶段包括三个主要算法：SetUp Algorithm、Proof Algorithm

和 Verify Algorithm。这些算法的详细描述如下所示。

（1）SetUp Algorithm：该算法由云服务提供商去计算日志文件的每个 OL 数据块 f_i 的所有验证标签（VT）。然后，CSP 存储所有 VT 和 OL。

（2）Proof Algorithm：此算法由云运行。它将 OL 文件向量 f、验证标签集 $\{\sigma_i^{(2)}, \sigma_i^{(3)}\}_{1 \leqslant i \leqslant n}$ 和审计挑战作为输入，输出一个审计证明，用于证明云是真正持有这个文件的。

（3）Verify Algorithm：该算法由 TPA 运行。它将审计挑战和审计证明作为输入，验证证明是否正确。

2. 安全日志方法

1）操作日志生成

为了支持 OL 的完整性验证，CDIVAT 方案设计了一个 OL 数据块结构，如图 3.14 所示。OL 文件由连续的日志数据块序列构成，每个日志数据块由在特定操作时间生成的日志数据项组成。每个日志数据块的时间不是固定的，即应根据用户的操作频率动态确定。此外，对于任何日志数据块的快速定位，每个块均与块标识号（如 $ID_B = 1$）一对一关联。在 OL 中，每个块包括以下字段。

（1）ID_B 表示块标识号，它唯一标识日志数据块。

（2）ID_E 表示指定块中的条目标识号。ID_E 的第一个条目是1，ID_E 的最后一个条目是 m，其中 m 是块中的条目数。

（3）T 表示用户向云发送操作说明进行存储时的操作时间。

（4）O 表示用户对电子健康记录（EHR）数据的指定操作，如修改、插入或删除。我们分别使用 op_1、op_2 和 op_3 来表示这三个操作。

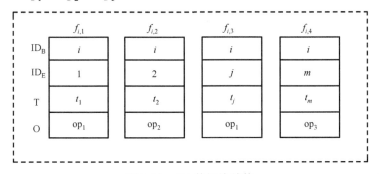

图 3.14　OL 数据块结构

方案使用 F_h 和 F_n 来表示 OL，如代码 3.1 和代码 3.2 所示。每次生成新的日志条目时，都会创建一个新的结构 F_n。

代码 3.1　F_h 结构

```
1. int ID_B;                    //矩阵的行数
2. int ID_E;                    //矩阵的列数
3. int t,op;                    //操作时间和指定的操作
4. Int size;                    //矩阵的大小
5. int nextA,nextB;             //下一个日志条目的行号
6. int parent;                  //最后一个日志条目的行号
7. F* tail;                     //尾部指针
```

代码 3.2　F_n 结构

```
1. int ID_E;                    //矩阵的列数
2. int t,op;                    //操作时间和指定的操作
```

2) 操作日志关联

通过观察 EHR 的数据类型可以发现,用户对数据(如名称和条件)的操作取决于 EHR 的主字段 ID,而对数据的操作取决于 EHR 的外部字段 DocID。因此,更新 EHR 敏感信息的前提必须是定位 ID 或 DocID,用户在这些关联块上的操作将被同步标记为日志信息并存储在云中。例如,当用户 2952 的条件从感冒变为发烧时,有必要将 op_1 同时添加到 f_1 和 f_4,即对私有或附加信息执行操作,相当于对公共信息执行相同的操作。对于这种具有相同运算关系的数据块,本节建立了一种运算关系算法。每次生成新的日志条目时,都会执行用于添加日志条目的操作关系算法来添加操作关系。用户将与个人公共信息和敏感信息相对应的 OL 分组后,将建立与日志向量的操作关系。方案使用示例说明了操作日志分组方法。为了实现用于日志条目的操作关系算法的操作日志向量,用户建立了一种对应 OL 块的操作关系。云根据此关系更新操作日志向量并使用方程 $f_i = f_i^{(2)} + f_i^{(3)}$ 来表示满足这种关系的 OL 块。f_i 表示认证操作,$f_i^{(2)}$ 表示隐私操作,$f_i^{(3)}$ 表示附加操作。在算法中,在更新 f_3 和 f_4 的 t 与 op(在方程之后)后,必须计算 f_1 的 t 和 op(在方程之前)。因此,对于满足操作关系的 OL 中的日志条目,条目中的操作具有以下可能性。

(1) 仅在 f_3 上操作。

(2) 仅在 f_4 上操作。

(3) 在 f_3 和 f_4 上操作。

运算完成后,f_1 的值(方程前)等于 f_3 和 f_4 的值之和(方程后),同样,f_2 的值(方程前)等于 f_5 和 f_6 的值之和(方程后)。我们认为该算法是不通用的。未来需要做的是如何为不同的日志格式推广通用算法,例如,包含更多字段和两个以上敏感字段的日志,以及可能包含两个以上隐私字段的日志。

3. 关联验证的描述

在最近提出的方案中[32-35]，f_i 区块被分割为多个相同规模的部门。然后，对于每个扇区，计算验证标签(如 $\sigma_{i,j} = (H(i)u^{f_{i,j}})^x$ 中 j 是扇区 $f_{i,j}$ 的索引信息)。由于 $f_{i,j}$ 和块索引 i 都用于计算验证标签，因此 $f_{i,j}$ 和 $\sigma_{i,j}$ 之间存在一对一的对应关系。为了启动审核，审核员对一组随机选择的日志发起质询。云计算得到证明 prf = $\{\mu, \sigma\}$，其中 μ 是根据请求的日志计算的，σ 是根据它们的标记计算的。由于同态可验证标签的聚合属性，我们认为数据块与其标签之间的一对一对应关系保留在 σ 和 μ 中。验证算法通过验证 σ 和 μ 之间的对应关系来验证证明，即它们必须满足各种数学方程。然而，块的索引 i 需要嵌入到其验证标签的计算中，如 $H[i]$。如果插入或删除块，那么所有后续块的索引都会相应更改，并且必须重新计算这些块的验证标签(VT)。此外，好奇的 TPA 可以与非法用户串通，窃取其他用户的日志信息和标签信息。所以必须通过引入关联验证方法来解决这个问题。在本节的设计中，用户根据 OL 中的操作关系对 OL 进行分组，并使用结构 F_h 表示操作日志。每次生成新的日志条目时，都会创建一个新的结构 F_n。用户将通过操作关系算法对本地操作日志向量进行预处理，以添加日志条目。在审计过程中，数据更新后，仅将新的标记索引分配给操作块，并且原有块的标记索引不变。这一算法避免了数据更新操作后后续(操作位置后)块上标签的重新计算，从而提高了数据更新的效率。

假设 $f_i = (f_{i,1}, f_{i,2}, \cdots, f_{i,m-1}, f_{i,m})$ 是对应于文件 f_i 的认证操作的向量，设 $f_i^{(2)} = (f_{i,1}^{(2)}, \cdots, f_{i,m}^{(2)})$ 是对应于文件 $f_i^{(2)}$ 的先验运算的向量，且设 $f_i^{(3)} = (f_{i,1}^{(3)}, \cdots, f_{i,m}^{(3)})$ 是对应于文件 $f_i^{(3)}$ 的附加操作的向量。

1) 设置算法

在该算法中，云计算日志文件 f 的每个日志块 f_i 的 VT，CSP 存储所有标记和 OL。

(1) CSP 为隐私操作 $f_i^{(2)}$ 生成标记 $\sigma_i^{(2)}$，即

$$\sigma_i^{(2)} = H\left(\sum_{j=1}^{m} f_{i,j}^{(2)}\right)$$

(2) CSP 为附加操作 $f_i^{(3)}$ 生成标记 $\sigma_i^{(3)}$，即

$$\sigma_i^{(3)} = H\left(\sum_{j=1}^{m} f_{i,j}^{(3)}\right)$$

更新数据后，CSP 必须重新执行算法 Add( )，建立操作关系并存储每组数据。然后，CSP 执行设置算法以计算其标签。以下算法用于证明用户更新的 OL 完全存储在云中。

2) 证明算法

TPA 向云发起审计挑战，云生成相应的证明，证明它存储了用户的数据。审计

过程如下所示。

(1) 为了审核 OL 数据的完整性，TPA 生成一个审计挑战。它随机选择一个包含 c 元素的集合 L，其中 $L \subseteq [1, n]$。它生成一个随机值 $v_i \in Z_p^*$，$i \in I$。它发送一个审计质询 chal = $\{i, v_i\}_{i \in I}$ 给云。

(2) 在收到 TPA 的审计质询后，云计算生成数据持有性证明。首先计算 $U_j = \sum v_i f_{i,j}$，接下来发送一份审计证明 prf = $\{\{U_j\}_{j \in [1,m]}, \{\sigma_i^{(2)}, \sigma_i^{(3)}\}_{i \in I}\}$ 给 TPA。

3) 验证算法

TPA 从云端接收验证 prf，并生成数据块的聚合验证标签，如下所示：

$$\sigma^{(2)} = \prod_{i \in L} \sigma_i^{(2)} v_i, \quad \sigma^{(3)} = \prod_{i \in L} \sigma_i^{(3)} v_i$$

然后，通过检查以下等式是否成立来验证证明的正确性：

$$\sigma^{(2)} \sigma^{(3)} = H\left(\sum_{j=1}^{m} U_j\right)$$

如果这个等式成立，那么它输出成功；否则，输出失败。

式 (3.3) 对等式的正确性给出证明。

$$
\begin{aligned}
H\left(\sum_{j=1}^{m} U_j\right) &= H\left(\sum_{j=1}^{m}\sum_{i \in L} v_i f_{i,j}\right) = H\left[\sum_{j=1}^{m}\sum_{i \in L} v_i (f_{i,j}^{(2)} + f_{i,j}^{(3)})\right] \\
&= H\left[\left(\sum_{j=1}^{m}\sum_{i \in L} v_i f_{i,j}^{(2)}\right) + \left(\sum_{j=1}^{m}\sum_{i \in L} v_i f_{i,j}^{(3)}\right)\right] \\
&= H\left[\left(\sum_{j=1} v_i \sum_{i \in L}^{m} f_{i,j}^{(2)}\right) + \left(\sum_{j=1} v_i \sum_{i \in L}^{m} f_{i,j}^{(3)}\right)\right] \\
&= \prod_{i \in L} H\left(\sum_{j=1}^{m} f_{i,j}^{(2)}\right)^{v_i} \prod_{i \in L} H\left(\sum_{j=1}^{m} f_{i,j}^{(3)}\right)^{v_i} \\
&= \prod_{i \in L} \sigma_i^{(2)\, v_i} \prod_{i \in L} \sigma_i^{(3)\, v_i} \\
&= \sigma^{(2)} \sigma^{(3)}
\end{aligned}
\tag{3.3}
$$

3.4.4　性能分析

1. 理论分析

本节给出了 CDIVAT 方案与 Wang 等[32]方案的计算开销和通信开销对比。为了便于分析，以下符号用于表示方案中的具体操作：Mul_G 与 Mul_{Z_p} 表示 G 和 Z_p 中的乘法时间；Exp 表示以 G 为单位的指数操作时间；Hash 表示哈希操作的时间。对于计算成本，本节仅对幂、乘法和哈希运算进行比较，因为其他操作（如加法）的时间开销相对较小。在审计中，对于每个发起的挑战，$\{\sigma_i^{(2)}, \sigma_i^{(3)}\}$ 需要被计算，并且 CSP 需要计算 $U_j = \sum_{i \in L} v_i f_{i,j}$，此阶段开销为 $2c\text{Hash} + cm\text{Mul}_{Z_p}$。TPA 验证来自云的证据，计算开销为 $2c(\text{Exp} + \text{Mul}_G) - \text{Mul}_G + \text{Hash}$。

在 Wang 等[32]方案中，首先，云需要计算 $U_j = \sum_{i \in L} v_i f_{i,j}$ 和 $\sigma_i = H\left(\sum_{j=1}^{m} f_{i,j}\right)$。然后，云生成证据 $\text{prf} = \{\{U_j\}_{j \in [1,m]}, \{\sigma_i\}_{i \in L}\}$。数据块与其标记以一对一的对应关系保存在 U_j 和 σ 中，其中 U_j 是通过请求日志计算出来的，$\sigma = \prod_{i \in L} \sigma_i^{v_i}$ 是根据它们的标签计算出来的。性能的理论比较见表 3.2；各阶段计算费用对比见表 3.3；各阶段的通信成本比较如表 3.4 所示。从 Case 2 中看到，CDIVAT 效率的提高主要是证明生成过程算法的优化。在 CDIVAT 的证明中，为响应对公共信息的挑战而返回的结果包含敏感信息的验证结果。因此，CDIVAT 的总开销较低，即该方案可以用相同数量的质询块验证更多的文件块。

表 3.2　性能的理论比较

方案	公开认证	日志不可见	标签不可见	审计关联
文献[33]的方案	是	否	否	否
文献[34]的方案	是	否	否	否
文献[35]的方案	是	否	否	否
文献[32]的方案	是	是	否	否
CDIVAT	是	是	是	是

表 3.3　各阶段计算费用对比

案例	实体	阶段	CDIVAT	文献[32]的方案
Case 1	云	证明	$2c\text{Hash} + cm\text{Mul}_{Z_p}$	$c\text{Hash} + cm\text{Mul}_{Z_p}$
	TPA	验证	$2c(\text{Exp} + \text{Mul}_G) - \text{Mul}_G + \text{Hash}$	$c(\text{Exp} + \text{Mul}_G) - \text{Mul}_G + \text{Hash}$
Case 2	云	证明	$2c\text{Hash} + cm\text{Mul}_{Z_p}$	$2c\text{Hash} + 2cm\text{Mul}_{Z_p}$
	TPA	验证	$2c(\text{Exp} + \text{Mul}_G) - \text{Mul}_G + \text{Hash}$	$2c(\text{Exp} + \text{Mul}_G) - \text{Mul}_G + \text{Hash}$

注：Case1，本节方案和 Wang 等[32]方案中挑战数据块的数量相同。Case 2，本节方案和 Wang 等[32]方案中 VT 的数量相同。

表 3.4 各阶段的通信成本比较

案例	实体	阶段	CDIVAT	文献[32]的方案
Case 1	TPA	挑战	$c(\lvert n\rvert + \lvert p\rvert)$	$c(\lvert n\rvert + \lvert p\rvert)$
	云	证明	$m\lvert p\rvert + 2c\lvert q\rvert$	$m\lvert p\rvert + c\lvert q\rvert$
Case 2	TPA	挑战	$c(\lvert n\rvert + \lvert p\rvert)$	$2c(\lvert n\rvert + \lvert p\rvert)$
	云	证明	$m\lvert p\rvert + 2c\lvert q\rvert$	$m\lvert p\rvert + 2c\lvert q\rvert$

注：$\lvert n\rvert$ 是集合 $[1,n]$ 中元素的大小；$\lvert p\rvert$ 是 Z_p^* 中元素大小；$\lvert q\rvert$ 是 G 中元素大小。

2. 实验结果

本节进行了一系列模拟实验来评估方案的性能。根据算法证明和验证，挑战验证过程的计算开销可以分为挑战生成过程的开销、验证证明生成程序的开销和验证程序的开销。

图 3.15 绘制了 CDIVAT 的挑战生成的开销。方案以 100 的间隔挑战不同数量（0～600）的块。从图 3.15 可以看到，随着挑战数据块的增多，CDIVAT 具有更高的计算时间开销。在各种云存储的真实场景中，当质询块的数量 $c=600$ 且质询生成开销约为 6s 时，验证数据的完整性就足够了。在 CDIVAT 方案中，TPA 端的计算成本是可以接受的。为了评估证明生成过程的开销，还进行了以下实验。

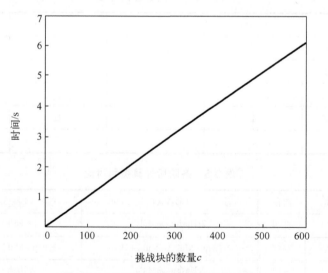

图 3.15 CDIVAT 的挑战生成的开销

为了检查远程数据的持有情况，用户委托 TPA 从云端验证证明。验证生成开销与审计成本分别如图 3.16 和图 3.17 所示。在这两个图中可以看到，方案的验证生成开销随挑战块的数量 c 的增加而增大，基本呈线性增长趋势。方案的审计成本也

随挑战块的数量 c 的增加而增大。表 3.5 列出了 CDIVAT 方案中各种程序的计算开销。为了便于计算,将挑战块的数量 c 设置为 600。从表 3.5 中可以看出,方案的主要时间开销来自于证明生成过程,且最大时间开销是可承受的。

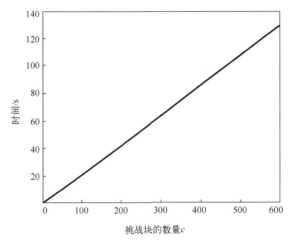

图 3.16　验证生成开销

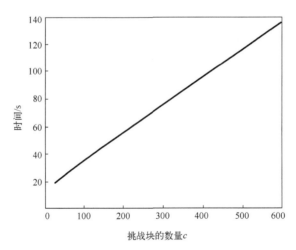

图 3.17　审计成本

表 3.5　CDIVAT 方案在 Case 2 中的时间开销

时间开销	CDIVAT
挑战生成/s	0.006
证明生成/s	110.167
证据验证/s	31.893
总开销/s	142.066

3.5　多方参与的高效撤销组成员审计方案

3.5.1　背景及相关工作

为了使用户能够验证云端数据的完整性，研究者提出了 PDP 方案。2007 年，Ateniese 等首次提出无须检索全部数据便能够验证云端数据的完整性验证模型[36]。然而，该方案只支持用户对文件的静态操作，却不支持动态操作。在随后的方案中，Ateniese 等[37]利用对称密钥，实现了支持部分动态操作的 PDP 方案。Wang 等[38]利用 MHT 通过叶子结点存储相应文件块的哈希值来实现数据的更新与验证，提出了基于 MHT 的全动态 PDP 方案。在一些实际场景中，云端数据不仅支持数据拥有者（data owner，DO）动态更新，而且能够被多个用户共享。为了实现组成员间数据共享，一些研究者基于 PDP 模型，提出了共享数据的审计方案[39]。

Wang 等[17]首先提出了一种利用环签名技术的共享数据审计方案，保护了组成员的身份隐私安全，但由于该方案计算认证标签（又称认证器）的复杂度与组的大小呈线性关系，导致了认证标签的生成和数据完整性验证的效率低下。Worku 等[40]使用随机遮掩技术进行数据隐藏，通过组密钥签名来构建同态线性认证标签，降低了计算复杂度，保护了组成员的数据隐私安全。随后 Shen 等[41]通过指定代理来代替组成员计算认证标签，保护组成员身份隐私和数据隐私的同时，实现了组成员的轻量级计算。黄龙霞等[42]基于逻辑层次树和代理重签名，实现了有效的组密钥管理，从而保护了组成员的身份隐私安全。随后文献[43]又通过消除证书管理，实现了无证书的共享数据审计方案。上述方案虽然在组成员隐私保护层面进行了相关研究，但均未考虑组成员本身存在非法访问共享数据的可能[44]。

为了使方案支持撤销非法组成员，Wang 等[45]采用代理重签名技术，通过向云端发送重签名参数，将被撤销组成员签名的认证标签转换为合法组成员签名的认证标签，使非法组成员的密钥失效，最终撤销非法组成员。但其缺点是无法抵抗云端与非法组成员的共谋攻击。Yuan 和 Yu[46]使用了基于多项式的认证标签，实现了支持撤销多用户的共享数据审计方案，但同样无法抵抗共谋攻击。Luo 等[47]利用 Shamir 秘密共享方法，将重签名参数划分为秘密份额分发给不同的代理，达到了高效撤销非法组成员的目的，同时抵抗了共谋攻击。

上述方案虽然以较高的效率实现了撤销非法组成员，但其计算复杂度与被撤销组成员签名的文件块数呈线性正相关，当审计云端的批量数据时，合法组成员仍有很大的计算负担。

Jiang 等[48]基于向量承诺，提出了一种由验证者本地撤销非法组成员的方案，该方案虽然更加高效，却忽略了验证者的安全隐患。Zhang 等[49]的方案中，每次撤销组成员之后，只需要组管理者执行一次累加操作，进一步提升了效率，同时降低了通信开销。但该方案忽略了组管理者管理上的不可控因素（如包庇组成员的非法行为或其被恶意攻击等）。为了解决上述问题，Fu 等[50]提出了一个多管理者的审计方案NPP（new privacy-aware public），通过构造二叉树记录文件块的使用历史，由多管理者共同合作，从而撤销非法组成员。但在该方案中，数据拥有者充当组管理者，拥有者的数量越少，管理权就会越集中，所以不能真正地保证组成员的权限平等。另外，该方案采用环签名计算认证标签，数据拥有者更新或撤销数据时，计算量随拥有者数量的增加而呈指数级增长。

3.5.2　系统模型和框架

如图 3.18 所示的系统模型包含 5 类实体：组成员、数据拥有者、私钥生成器（PKG）、TPA 和云端。

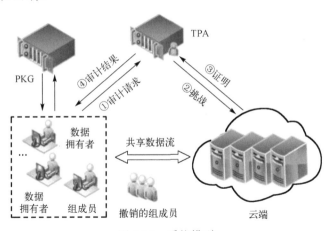

图 3.18　系统模型

（1）组成员：一个组由多个组成员组成，任何组成员都可以访问所在组的共享数据，并且能够注册或离开组。为了验证共享数据的完整性，组成员向 TPA 发送审计请求，TPA 向组成员返回审计结果。

（2）数据拥有者：一个组有 1 个或多个数据拥有者，数据拥有者拥有组成员的所有权限，能够将其数据上传到云端并共享给其他组成员，且能够更新和撤销所拥有的数据。

（3）PKG：通常被认为是可信任的实体，负责生成系统公共参数和组成员的密钥。

（4）TPA：负责代表组成员验证共享数据的完整性。TPA 向云端发起挑战后，云端向 TPA 返回拥有共享数据的证明。TPA 通过判断该证据的正确性，来验证共享数据的完整性。

（5）云端：为用户提供了共享数据的存储服务，为组成员间共享数据提供了平台。当组成员想要验证云数据完整性时，向 TPA 发送审计请求，然后 TPA 向云端发起挑战。收到此挑战后，云端向 TPA 返回拥有共享数据的证据。最后 TPA 验证该证据的正确性，并把审计结果返回给组成员。

3.5.3　详细设计

本节详细介绍方案的算法描述。算法中 μ、g 是群 G_1、G_2 中的生成元，$H:Z_p^* \to G_1$ 是随机密码散列函数。

1）准备阶段

PKG 为每个组成员生成授权私钥和秘密份额。

（1）PKG 随机生成授权私钥 $\mathrm{ssk} \in Z_p^*$。

（2）PKG 随机生成组私钥 $X \in G_1$，计算各个组成员的秘密份额 (x_k, y_k)。

①PKG 随机选择 $a_i \in Z_p (i \in [1, k-1])$，并构建插值多项式 $L(x) = X + a_i x + \cdots + a_{k-1}x^{k-1}$，其中 $L(0) = X$。

②PKG 随机生成 s 个随机值 $x_k \in G_1 (k = 1, \cdots, s)$，进而计算 $y_k = L(x_k)$，并将 (x_k, y_k) 分发给各个组成员。

③PKG 分别通过公式 $\tau = \sum\limits_{k=1}^{s} x_k$ 与 $\mathrm{ssigx}(\tau \| \mathrm{ssigx}(\tau))$ 计算 τ 和 τ 的数字签名并将它们作为公共参数。

（3）PKG 保存 X，将 ssk 分发给各个组成员。

2）数据准备

各组成员计算文件块标识符信息，并将其发送给组内其他组成员。如图 3.19 所示，数据拥有者 U_1、U_2 在上传文件之前，对文件分块并按顺序标号。U_1 的数据为 $m_1, m_2, \cdots, m_a$，标识符为 $F[1][1], \cdots, F[1][n](n \in \mathbb{N})$；$U_2$ 的数据为 $m_{a+1}, m_{a+2}, \cdots, m_b$，标识符为 $F[2][1], \cdots, F[2][n](n \in \mathbb{N})$，对于文件块数少于 n 的部分，其标识符由 0 补齐。对于非数据拥有者的组成员，其初始标识符由全 1 表示。为了方便计算，$U_K (1 \leqslant K \leqslant s)$ 对应的文件标识符由代数签名 $S(F[k])$ 表示。

3）证据生成

TPA 向云端发起挑战，云端生成证据以证明其存储着共享数据。

（1）TPA 生成审计挑战。

①随机选择包含 c 个元素的集合 I，其中 $I \in [1, n]$。

②对应于 $i \in I$，生成随机值 $v_i \in Z_p^*$，向云端发送审计挑战 $\mathrm{chal} = \{i, v_i\}$。

（2）在收到来自 TPA 的审计挑战后，云端生成存储共享数据的完整性证据图。

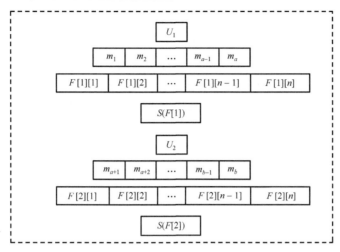

图 3.19　文件处理图

3.5.4　性能分析

首先从审计正确性和审计健壮性方面分别给出了安全性分析。然后，证明了使用记录表的可信性。最后，说明了能够保证组成员的权限平等。

接下来对基于安全的 Shamir 秘密共享进行说明。秘密值 X 通过插值多项式被分为多个秘密份额，并分发给了组内的各个成员。假设共有 100 个组成员，门限值设为 60，此时攻击者至少需要获取 60 个秘密份额来恢复出 X，在计算上几乎不可行。因此该方案能够保证组成员的权限平等。实验中时间开销如图 3.20 所示。

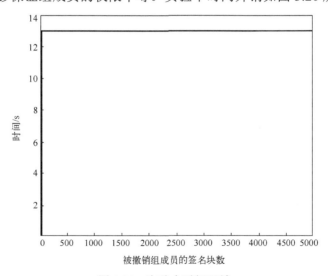

图 3.20　实验中时间开销

本节采用 BLS 签名技术计算文件块认证标签，并与同样基于 BLS 签名的审计方案[48,49]进行对比。分析文献[48]和[49]的方案可知，当挑战数据块的数量 $c=460$ 时，足以验证数据的完整性。因此，考虑到审计阶段的计算效率，当测试审计过程时，选取的挑战数据块块数为 460 个。文献[48]和[49]方案的主要创新点是高效地实现了本地撤销非法组成员。与之对比，本节方案在没有增加额外审计时间开销的同时，在撤销组成员的方式上更加安全。

在支持撤销组成员的共享数据审计方案中，文献[46]～[49]的方案更加关注提高撤销组成员的效率问题。所以通过对比目前针对性更强的文献[46]～[49]的方案，展现本节方案的高效性。文献[46]和[47]的方案都采用重签名的方式，来达到撤销非法组成员的目的。相较于文献[46]的方案，文献[47]的方案采用外包算法提高了效率。实验在批量文件块数量下进行，并令横坐标为被撤销组成员签名的文件块数。与文献[46]和[47]的方案不同，文献[48]和[49]的方案与本节方案的撤销效率均与被撤销组成员签名的文件块数无关，更加稳定和高效。文献[48]的方案采用验证者本地撤销组成员，每撤销一名非法组成员后，更新各合法组成员公钥 A，再由 TPA 进行验证，撤销开销主要来自 TPA。文献[49]的方案采用组管理者本地撤销组成员，每撤销一名组成员后，由组管理者更新撤销组成员的累加器，RN=RN+1。本节提出的方案同样采用本地撤销组成员。

要保证使用记录表的可信性，需要满足共识算法的容错节点数量为 $f=(d-1)/(2+P)$。其中 d 为组成员个数（节点总数），P 为节点既故障又恶意的概率。由于 Raft 共识算法只考虑故障节点，而 PBFT 共识算法既考虑故障节点又考虑恶意节点，故以 Raft 和 PBFT 为基准进行证明。Raft 算法对由 d 个组成员组成的组提供 $f=(d-1)/2$ 的容错能力，而 PBFT 算法对由 d 个组成员组成的组提供 $f=(d-1)/3$ 的容错能力。因此，设定既故障又恶意节点的概率为 P，可以得出既故障又恶意的节点数量为 $f=(d-1)/(2+P)$。所以，当 $P=0$ 时，满足 Raft 共识算法的容错能力。此时至少需要 3 个共识节点才能够保证区块链的可信性。也就是说，3 名组成员就能够保证使用记录表的可信性。当 $P=1$ 时，满足 PBFT 共识算法的容错能力，此时组成员个数至少为 4。其中"使用记录表的可信性"中"可信"指的是，通过使用记录表记录的内容是正确的，各个组成员记录的过程是可追溯的。"区块链的可信性"中"可信"指的是，区块链公开公认，具有不可抵赖和防篡改等特性。

3.6 本 章 小 结

本章针对数据持有性证明的模型进行了论述，并根据不同用户的需求，对主要的证明方案进行了分类归纳，分析了数据持有性证明机制各个应用场景的现状和不足，并对其进行了展望。3.2 节～3.4 节对作者近年来在这一领域所做的研究进行了具体的分析和解读。这些研究从不同角度对原有的数据持有性证明方案进行了完善，也得到了一些成果。接下来，作者还将继续在这一领域进行一系列的针对性研究，并结合区块链、物联网等新技术进行进一步的研究。

随着云存储在生活中的大量应用，用户对数据完整性审计方案的效率和安全等要求不断提高。但是现有的审计机制大多停留在理论性的研究与完善阶段，在性能上还未能实现理想中的轻量级，在功能方面各有侧重不能顾全。而且，云存储和区块链技术仍处于探索发展阶段，云存储技术结合边缘计算和神经网络的智能审计方案也有待探索与研究。将数据持有性证明付诸实际也是作者未来的另一研究目标。

参 考 文 献

[1]　田俊峰, 宋倩倩, 王浩宁. 云存储环境下数据持有性证明研究综述[J]. 河北大学学报(自然科学版), 2021, 41(5): 599-611.

[2]　Deswarte Y, Quisquater J J, Saïdane A. Remote integrity checking[C]. Integrity and Internal Control in Information Systems, Lausanne, 2003: 1-11.

[3]　Ateniese G, Burns R, Curtmola R, et al. Provable data possession at untrusted stores[C]. Proceedings of the 14th Conference on Computer and Communications Security, Alexandria, 2007: 598-609.

[4]　Boneh D, Lynn B, Shacham H. Short signatures from the weil pairing[J]. Journal of Cryptology, 2004, 17(4): 297-319.

[5]　Gentry C, Ramzan Z. Identity-based aggregate signatures[C]. Proceedings of the 9th International Conference on Theory and Practice of Public-Key Cryptography, New York, 2006: 257-273.

[6]　Zhao J, Xu C, Li F, et al. Identity-based public verification with privacy-preserving for data storage security in cloud computing[J]. IEICE Transactions on Fundamentals of Electronics, Communications and Computer Sciences, 2013, 96(12): 2709-2716.

[7]　Li Y, Yu Y, Min G, et al. Fuzzy identity-based data integrity auditing for reliable cloud storage systems[J]. IEEE Transactions on Dependable and Secure Computing, 2019, 16(1): 72-83.

[8]　Wang W, Jiao W, Yan G, et al. Algebraic signature based data possession checking method with cloud storage[C]. Proceedings of the 11th International Conference on Prognostics and System Health Management, Jinan, 2020: 11-16.

[9]　Ateniese G, Pietro R, Mancini L, et al. Scalable and efficient provable data possession[C]. Proceedings of the 4th International Conference on Security and Privacy in Communication Networks, Istanbul, 2008: 1-10.

[10]　Erway C, Küpçü A, Papamanthou C, et al. Dynamic provable data possession[J]. ACM Transactions on Information and System Security, 2015, 17(4): 1-29.

[11] Wang Q, Wang C, Li J, et al. Enabling public verifiability and data dynamics for storage security in cloud computing[C]. European Symposium on Research in Computer Security, Saint Malo, 2009: 355-370.

[12] Zhu Y, Ahn J, Hu H, et al. Dynamic audit services for outsourced storages in clouds[J]. IEEE Transactions on Services Computing, 2013, 6(2): 227-238.

[13] Tian H, Chen Y, Chang C, et al. Dynamic-Hash-table based public auditing for secure cloud storage[J]. IEEE Transactions on Services Computing, 2017, 10(5): 701-714.

[14] Jin H, Jiang H, Zhou K. Dynamic and public auditing with fair arbitration for cloud data[J]. IEEE Transactions on Cloud Computing, 2018, 6(3): 680-693.

[15] Wang C, Wang Q, Ren K, et al. Privacy-preserving public auditing for data storage security in cloud computing[C]. Proceedings of the 29th INFOCOM, San Diego, 2010: 525-533.

[16] Wang C, Chow S, Wang Q, et al. Privacy-preserving public auditing for secure cloud storage[J]. IEEE Transactions on Computers, 2013, 62(2): 362-375.

[17] Wang B, Li B, Li H. Oruta: Privacy-preserving public auditing for shared data in the cloud[C]. IEEE 5th International Conference on cloud Computing, Honolulu, 2012: 295-302.

[18] Pasupuleti S. Privacy-preserving public auditing and data dynamics for secure cloud storage based on exact regenerated code[J]. International Journal of Cloud Applications and Computing, 2019, 9(4): 1-20.

[19] Tajan L, Kaumanns M, Westhoff D. Pre-computing appropriate parameters: How to accelerate somewhat homomorphic encryption for cloud auditing[C]. Proceedings of the 9th IFIP International Conference on New Technologies, Mobility and Security, Paris, 2018: 1-6.

[20] Masood R, Pandey N, Rana Q. DHT-PDP: A distributed Hash table based provable data possession mechanism in cloud storage [C]. International Conference on Reliability, Infocom Technologies and Optimization (Trends and Future Directions) (ICRITO) Amity University, Noida, 2020: 275-279.

[21] Yuan J, Yu S. Public integrity auditing for dynamic data sharing with multiuser modification[J]. IEEE Transactions on Information Forensics and Security, 2015, 10(8): 1717-1726.

[22] Zhu Y, Hu Z, Wang H, et al. A collaborative framework for privacy protection in online social networks[C]. Proceedings of the 6th International ICST Conference on Collaborative Computing: Networking, Applications, Worksharing, Chicago, 2010: 1-10.

[23] Girault M. Self-certified public keys[C]. EUROCRYPT, Brighton, 1991: 490-497.

[24] Xu Y, Ren J, Zhang Y, et al. Blockchain empowered arbitrable data auditing scheme for network storage as a service[J]. IEEE Transactions on Services Computing, 2020, 13(2): 289-300.

[25] 田俊峰, 常方舒. 基于 TPM 联盟的可信云平台管理模型[J]. 通信学报, 2016, 37(2): 1-10.

[26] 田俊峰, 李天乐. 基于 TPA 云联盟的数据完整性验证模型[J]. 通信学报, 2018(8): 113-124.

[27] Zhang Y, Yu J, Hao R, et al. Enabling efficient user revocation in identity-based cloud storage auditing for shared big data[J]. IEEE Transactions on Dependable and Secure Computing, 2018, 17(3): 608-619.

[28] Li J, Yan H, Zhang Y. Certificateless public integrity checking of group shared data on cloud storage[J]. IEEE Transactions on Services Computing, 2021, 14(1): 71-81.

[29] He D. Certificateless provable data possession scheme for cloud-based smart grid data management systems[J]. IEEE Transactions on Industrial Informatics, 2018, 14(3): 1232-1241.

[30] Wang F, Xu L, Wang H, et al. Identity-based non-repudiable dynamic provable data possession in cloud storage[J]. Computers and Electrical Engineering, 2018: 521-533.

[31] Narn-Yih L, Yun-Kuan C. Hybrid provable data possession at untrusted stores in cloud computing[C]. Proceedings of the 17th International Conference on Parallel and Distributed Systems, Tainan, 2011: 638-645.

[32] Wang J, Peng F, Tian H. Public auditing of log integrity for cloud storage systems via blockchain[C]. Proceedings of the 2nd EAI International Conference on Security and Privacy in New Computing Environments, Tianjin, 2019: 378-387.

[33] Rao L, Zhang H, Tu T, et al. Dynamic outsourced auditing services for cloud storage based on batch-leaves-authenticated Merkle Hash tree[J]. IEEE Transactions on Services Computing, 2020: 451-463.

[34] Guo W, Zhang H, Qin S, et al. Outsourced dynamic provable data possession with batch update for secure cloud storage[J]. Future Generation Computer Systems, 2019, 95: 309-322.

[35] Tian H, Chen Z, Chang C, et al. Public audit for operation behavior logs with error locating in cloud storage[J]. Soft Computing, 2018: 1-14.

[36] Tian L, Wang H Q, He D B, et al. Synchronized provable data possession based on blockchain for digital twin[J]. IEEE Transactions on Information Forensics and Security, 2022, 17: 472-485.

[37] Ateniese G, Dipietro R, Mannici V, et al. Scalable and efficient provable data possession[C]. Proceedings of the 4th International Conference on Security and Privacy in Communication Networks, Istanbul, 2008: 1-10.

[38] Wang Q, Wang C, Ren K, et al. Enabling public auditability and data dynamics for storage security in cloud computing[J]. IEEE Transactions on Parallel and Distributed Systems, 2011, 22(5): 847-859.

[39] Boneh D, Shacahcm H. Group signatures with verifier-local revocation[C]. Proceedings of the 11th ACM Conference on Computer and Communications Security, Washington, 2004: 168-177.

[40] Worku S, Xu C, Zhao J, et al. Secure and efficient privacy-preserving public auditing scheme for cloud storage[J]. Computers and Electrical Engineering, 2014, 40(5): 1703-1713.

[41] Shen W, Yu J, Xia H, et al. Light-weight and privacy-preserving secure cloud auditing scheme for group users via the third party medium[J]. Journal of Network and Computer Applications, 2017, 82: 56-64.

[42] 黄龙霞, 张功萱, 付安民. 基于层次树的动态群组隐私保护公开审计方案[J]. 计算机研究与发展, 2016, 53(10): 2334-2342.

[43] Huang L, Zhang G, Fu A. Certificateless public verification scheme with privacy-preserving and message recovery for dynamic group[C]. Australasian Computer Science Week Multiconference, Geelong, 2017: 761-766.

[44] Plantard T, Susilo W, Zhang Z. Fully homomorphic encryption using hidden ideal lattice[J]. IEEE Transactions on Information Forensics and Security, 2013, 8(12): 2127-2137.

[45] Wang B, Li B, Li H. Panda: Public auditing for shared data with efficient user revocation in the cloud[J]. IEEE Transactions on Services Computing, 2015, 8(1): 92-106.

[46] Yuan J, Yu S. Efficient public integrity checking for cloud data sharing with multi-user modification[C]. 2014 IEEE Conference on Computer Communications, Toronto, 2014: 2121-2129.

[47] Luo Y, Xu M, Huang K, et al. Efficient auditing for shared data in the cloud with secure user revocation and computations outsourcing[J]. Computers and Security, 2018, 73: 492-506.

[48] Jiang T, Chen X, Ma J. Public integrity auditing for shared dynamic cloud data with group user revocation[J]. IEEE Transactions on Computers, 2016, 65(8): 2363-2373.

[49] Zhang Y, Yu J, Hao R, et al. Enabling efficient user revocation in identity-based cloud storage auditing for shared big data[J]. IEEE Transactions on Dependable and Secure Computing, 2018, 17(3): 608-619.

[50] Fu A, Yu S, Zhang Y, et al. NPP: A new privacy-aware public auditing scheme for cloud data sharing with group users[J]. IEEE Transactions on Big Data, 2022, 8(1): 14-24.

第4章 数据确定性删除研究

4.1 数据确定性删除概述

随着信息技术的发展，互联网的应用范围越来越广，伴随着互联网规模的扩大，企业和个人需要存储的数据量均呈现出大幅度增长的趋势。面对数据共享需求的增加，以及管理开销与存储负担的提升，传统的本地存储已经不能很好地适应企业和个人的存储需求。人们希望拥有一个无限大且方便的存储空间，以满足随时随地的数据访问及灵活的数据共享。因此，云存储服务应运而生。云存储是以传统的、大规模的存储技术为基础，同时集成虚拟化、网络、文件系统等多种技术。因此，云存储具有多种优势：通过虚拟化技术对存储资源进行统一管理，既提高了资源利用率，又降低了管理开销；通过多副本存储技术提升了数据容错性等。对于用户而言，他们不需要关心云存储服务的底层架构，只需支付相应的费用即可使用云存储服务，因此，越来越多的用户选择将数据存储在云中来降低管理开销和存储负担。

然而，云存储为用户带来便利的同时，也带来了不少安全威胁。当用户将数据上传至云服务提供商中存储时，用户无法直接接触到云存储的基础设施，这导致了用户数据的所有权与管理权分离，同时，这也是安全威胁发生的根本原因。在云存储服务方案的设计与分析中，一般认为云服务提供商是半可信的。在存储数据期间，云服务提供商可能会为了节省成本而不按用户要求存储数据，使数据完整性遭受破坏；当用户不再需要将数据存储在云服务提供商时，云服务提供商同样可能会为了利益与其他原因而不删除数据，从而导致用户数据发生泄露，对数据的隐私性与机密性造成损害。更重要的是，为了使数据具有高可用性，用户往往会选择云服务提供商的多副本存储服务。在删除时，云服务提供商如果未将存储在不同存储空间的副本完全删除，也会对数据的安全性造成威胁。在云存储服务中，敏感信息的泄露始终是用户关注的主要问题，如果用户数据的安全性得不到保障，会严重影响到云服务的使用、推广与发展。为了解决云存储服务中数据的删除问题，保证数据的安全性，研究者提出了云数据的确定性删除这一研究方向。云数据确定性删除的目的是阻止他人在删除数据后继续访问数据，它既是云存储服务中保护数据安全性的关键技术，也是用户对于外包服务的必然需求。因此，如何实现云数据的确定性删除已经成为一个亟待解决的问题。

4.2　研　究　现　状

　　针对云数据的确定性删除问题，研究者已经应用不同的技术实现了许多解决方案，这些方案大概可以分为两类：使用覆盖技术的确定性删除方案与使用加密技术的确定性删除方案。

4.2.1　使用覆盖技术的确定性删除方案

　　使用覆盖技术的确定性删除方案通常是使用与用户数据无关的数据（如随机数）覆盖待删除数据所占用的存储空间，彻底移除云存储设备中的待删除数据，使其永久性的不可访问，从而达到确定性删除的目的。Paul 和 Saxena[1]提出了方案PoE(proof of erasability)，在该方案中，主机程序通过随机模式覆盖待删除数据块的部分比特，使其无法还原为原来的数据，从而实现确定性删除。当用户需要验证删除时，主机程序向用户返回包含相同模式的擦除证明。Perito 和 Tsudik[2]在 PoE 的基础上提出了方案 PoEs，将该删除方法扩展到了嵌入式设备上。Luo 等[3]借助了数据持有性证明的思想，提出了一个新颖的覆盖删除方案。该方案在删除时上传一个随机排列函数与一个随机数据块集，使用随机排列函数对数据块进行排列后，按照顺序对待删除数据进行覆盖。在验证阶段，该方案采用挑战响应协议对删除的数据进行抽样挑战。由于随机排列与覆盖会消耗时间，如果云服务提供商没有按照用户的要求完成删除，验证时结果返回的时间会超过用户规定的返回时间，因此，该方案还引入了沙漏函数来保证删除的时效性，只有挑战结果与时间均正确时，该次删除才可以通过验证。杜瑞忠等[4]提出了一个基于覆盖验证的方案，该方案将覆盖技术与基于属性的加密(ABE)结合在一起，在实现细粒度的访问控制的同时也实现了数据的覆盖删除。通过更改密文访问策略与数据覆盖的双重保障机制提升了方案的安全性。但是，这些方案均未实现方案的可追溯性。Yang 等[5]为了实现方案的可追溯性，在方案中引入了区块链技术，将用户的每一次删除操作与时间戳绑定，并当作事件记录在区块链中。由于区块链去中心化的特性，该方案不需要可信的第三方即可实现删除的公共验证。Zhang 等[6]总结了上述工作后发现一个问题，这些方案的验证工作均在用户端进行。用户购买云存储服务是为了享受便捷的存储服务，并不想承担验证的开销。因此，他们提出了一个方案 PTAD(provable and traceable assured deletion)，该方案引入了区块链技术，通过智能合约完成覆盖与验证，以此降低用户端付出的开销。

　　基于覆盖方式的确定性删除方案可以彻底移除云中的数据，然而，这些方案也有一些不足之处：这些方案需要对待删除数据占据的磁盘空间进行覆写，效率较低；为了验证删除操作，这些方案大多由用户上传覆盖的随机数据，这会给用户带来额外的开销。

4.2.2 使用加密技术的确定性删除方案

在云存储环境中，为了保护用户数据的安全性与隐私性，用户在上传之前通常会对数据进行加密操作，因此衍生出了许多使用加密技术的确定性删除方案。在基于加密技术的确定性删除方案中，云端数据的删除实际上转化为对密钥的安全删除。这些方案通常是在上传之前使用各种加密技术加密数据，在删除时通过将密钥安全删除，使数据无法解密，从而达到确定性删除的目的。使用加密技术的确定性删除方案大致可以分为两类：基于密钥管理的确定性删除方案与基于访问控制策略的确定性删除方案。

1. 基于密钥管理的确定性删除方案

Perlman [7]首次提出将加密技术应用到数据删除。Boneh 和 Lipton[8]首次提出了文件确定性删除系统，通过在特定时间删除加密文件的密钥使文件无法被解密，从而实现文件的确定性删除。Mo 等[9]提出了使用主密钥产生加密数据的数据密钥，通过改变主密钥使数据密钥无法恢复来实现确定性删除。Reardon 等[10]提出了一种用于持久存储的通用安全数据删除方案。该方案基于密码学技术和密钥封装保护数据安全，并使用图论捕获对抗性知识和通用阴影图为安全删除提供直接认证。Yao 等[11]提出了一种基于比特流转换的云数据确定性删除方案。该方案将文件划分为固定大小的数据块，将每个块转换为比特流，将比特流的位置信息和原始数据加密上传到云端，比特流数据和密钥由数据拥有者保存。当数据被删除时，数据拥有者删除本地存储的比特流数据和密钥从而实现数据安全删除。Tang 等[12]提出了一种基于策略的文件保证删除（FADE）方案，该方案使用与策略相关的控制密钥对数据密钥进行加密，用数据密钥对数据文件进行加密，并通过删除控制密钥来实现数据的保证删除。Zhang 等[13]提出了一种多副本存储的确定性删除方案，该方案先与云服务提供商协商存储地址，通过将文件 ID 与存储地址关联的方式来存储文件与副本。在删除时，云服务提供商根据数据拥有者发送的预删除序列来完成删除。为了消除密钥集中造成的风险，Geambasu 等[14]提出了 Vanish 方案，该方案使用门限秘密共享方案将密钥分成 n 个密钥分量，并交给分布式哈希表（DHT）网络节点存储，利用 DHT 网络周期性更新的功能，删除节点上的密钥分量实现数据的确定性删除。熊金波等[15]提出了一种基于身份加密（identity-based encryption，IBE）的安全自毁（IBE-based secure self-destruction，ISS）方案，将需要保护的数据根据不同的敏感度等级划分为不同的安全等级。首先使用密钥进行加密，然后通过耦合提取算法，将原始密文转换成耦合密文，并进一步分解为提取密文和封装密文。封装后的密文外包给云服务提供商，提取的密文和 IBE 加密的对称密钥通过 Shamir 秘密共享方案分发到 DHT 网络节点。当密钥超过 DHT 节点的生命周期时，DHT 节点会自动删除密钥组件信息，防止封装密文的恢复和解密，实现云端数据的安全删除。但在这两个方案中，数据拥有者无法对密钥进行细粒度控制，且DHT网络也容易遭受女巫攻击。

尽管基于密钥管理的确定性删除方案可以实现高效的删除，但这些方案往往不容易实现细粒度的访问控制与灵活的数据共享。因此，研究者为了解决这一问题，又提出了很多基于访问控制策略的确定性删除方案。

2. 基于访问控制策略的确定性删除方案

Zu等[16]于2014年提出了一种基于撤销树的确定性删除方案，该方案使用线性秘密共享方案和二叉树作为底层工具，除了为每个用户分配属性集合，还为每个用户分配了唯一标识符。数据拥有者使用基于属性的加密算法对数据进行加密，系统管理员通过删除撤销树上相应的用户标识符来禁止用户访问数据，实现数据的确定性删除。Cachin等[17]提出了一种基于访问策略的确定性删除方案，该方案通过构建访问策略图实现访问控制，通过移除属性与相关的数据保护类来实现确定性删除。Xiong等[18]提出了一种指定时间属性的KP-ABE方案。只有密文中的属性和时间标签满足密钥中的策略，用户才能解密。当超过指定的过期时间时，数据会安全自毁。Xue等[19]提出了一种基于哈希树验证的属性撤销的云数据确定性删除方案，该方案使用一组属性来构建访问控制策略，并根据访问策略生成用户私钥。如果用户私钥满足加密数据的访问结构，则用户可以访问该数据。当用户想要删除云中的数据时，用户可以通过重新加密部分密文来改变密文中的属性，使得所有授权用户不满足密文的访问结构，实现云端数据的确定性删除，同时要求云服务器返回数据的删除证明。赵志远等[20]提出了一种云环境下无密钥托管的云数据确定性删除方案，该方案由属性权威服务器与中央控制服务器构建无密钥托管密钥分发协议，通过撤销属性使得拥有该属性的用户无法解密密文，实现云数据的细粒度删除操作。Shan等[21]采用基于密文策略的属性加密(CP-ABE)实现了细粒度的访问控制与数据分享，该方案将数据密钥分成多个子密钥，生成多个控制密钥来加密子密钥，应用盲RSA加密来保证控制密钥的安全。只有通过访问控制策略的用户才能成功访问数据，但该方案没有提供删除验证。Ma等[22]提出了一个基于CP-ABE的安全可验证的确定性删除方案，该方案通过构建属性关联树实现高效的属性移除，同时结合随机数通过覆盖原数据的方式删除云中存储的密文，提高了方案的安全性。

4.3　基于属性基加密的高效确定性删除方案

多数基于属性基加密的确定性删除方案通常是采用双线性映射的方法。为了提高方案加解密的效率，本节提出一种高效的云数据确定性删除方案(an efficient scheme of cloud data assured deletion，ESAD)。利用椭圆曲线中的简单标量乘法代替双线性对，实现基于身份的属性加密，降低数据加解密的计算开销；由双服务器组成的属性密钥管理系统(attribute key management system，AKMS)负责生成系统密钥和管理用户属性值，解决了现有方案中由单一服务器生成密钥容易出现单点故障的问题，同时解决了用户间的合谋攻击问题；使用属性值更新的方式实现密文的不可访问性，从而达到数据确定性删除的目的。相较于现有方案中密文重加密的方式，云数据删除的效率得到了明显的提升。

4.3.1　系统模型

ESAD 方案包含 4 类实体：属性密钥管理系统(AKMS)、数据拥有者(DO)、云服务提供商(CSP)、授权用户(AU)。系统模型如图 4.1 所示。

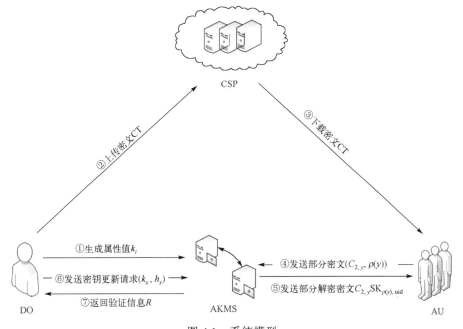

图 4.1　系统模型

AKMS 负责密钥的生成、更新及辅助授权用户解密部分密文，其内部主要结构如图 4.2 所示。AKMS 主要由密钥生成器和属性授权器组成，两部分独立地与其他组件进行通信并由可信平台模块(TPM)安全芯片保护其内部数据。密钥生成器负责管理系统主密钥和系统公钥。属性授权器负责为每个授权用户分配一个唯一标识符 uid，并维护一份授权用户的属性列表。当授权用户解密密文时，属性授权器生成用户私钥并辅助授权用户对密文进行部分解密。密钥生成器和属性授权器之间采取提问-回答的方式来确认彼此工作正常，属性授权器定时向密钥生成器提出问题，密钥生成器必须在规定时间内返回正确答案。若发现一方没有按规定时间提问或回答，则认为该方发生异常，另一方代替异常一方处理事务，保证系统的正常运行，避免因单点故障而造成系统瘫痪。

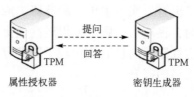

图 4.2　AKMS 内部主要结构

CSP 负责存储数据拥有者的加密数据。CSP 会诚实地存储数据拥有者的加密数据，并且会对数据请求做出可靠回应。

DO 负责为每个属性分配唯一标识符 k_i，并对需要上传云端的数据进行加密处理。删除云数据时，DO 向属性密钥管理系统中的属性授权器发送更新请求，并对返回的更新结果进行验证。

AU 访问数据拥有者存储在云端的加密数据，通过向云服务提供商发送数据请求获得加密数据。AU 获得加密数据后，请求属性密钥管理系统中的属性授权器对密文进行部分解密，收到属性授权器返回的结果后，解密全部密文，得到原始数据。

4.3.2　安全模型

本节定义了一个标准语义安全的选择性安全模型。

(1)初始化。攻击者 A 选择将要攻击的访问结构 (A', ρ)，并发送给挑战者 B。

(2)设置。挑战者 B 运行初始化 Setup 算法生成每个属性的公共参数，并把产生的系统公钥 PK 发送给攻击者 A。

(3)阶段 1。攻击者 A 适应性地向挑战者提交一系列属性-身份对集合，如 $(A_{\mathrm{uid}_1}, \mathrm{uid}_1), (A_{\mathrm{uid}_2}, \mathrm{uid}_2), \cdots, (A_{\mathrm{uid}_n}, \mathrm{uid}_n)$。查询阶段提交的属性集合都不满足访问控制结构 (A', ρ)。

(4)挑战。攻击者 A 生成相同长度的两个明文 M_0 和 M_1，并发送给挑战者 B。挑战者 B 随机选择 $\beta \in \{0,1\}$，并在访问控制结构 (A', ρ) 下将 M_β 加密成密文 CT，将密文 CT 发送给攻击者 A。

(5)阶段 2。如阶段 1，敌手适应性地向挑战者提交一系列属性-身份对集合 $(A_{\mathrm{uid}_{n+1}}, \mathrm{uid}_{n+1}), (A_{\mathrm{uid}_{n+2}}, \mathrm{uid}_{n+2}), \cdots, (A_{\mathrm{uid}_{n+m}}, \mathrm{uid}_{n+m})$，其限制与阶段 1 相同。

(6)猜想。攻击者 A 输出一个值 $\beta' \in \{0,1\}$。若 $\beta' = \beta$，则攻击者 A 就赢得了该游戏。攻击者 A 在游戏中的优势定义为

$$\mathrm{Ad} = \left| \Pr[\beta' - \beta] - \frac{1}{2} \right| \tag{4.1}$$

若不能以不可忽略的优势在多项式时间算法内攻破以上安全模型，那么可以认为本节提出的加密方案是安全的。

4.3.3　威胁模型

在上述系统模型的基础上，本节提出如下 5 条假设条件。

(1) CSP 是不可信的，可能将数据拥有者存储在云端的数据进行备份，或未经用户授权将其中的数据内容泄露给其他非授权个体或机构。

(2) AKMS 是半可信的，AKMS 中的属性授权器会诚实地辅助授权用户解密加密数据，并且不会主动泄露属性值及用户标识信息。但 AKMS 不会忠实地执行数据拥有者的密钥更新请求，同时属性授权器为了方便管理，只会保留最新的授权用户属性列表。

(3) AKMS 中的系统环境足够安全，能够抵御外部攻击，并保护 AKMS 中的内容不被恶意用户窃取和篡改。

(4) AU 是可信的，不会主动地将数据拥有者的明文数据泄露给非授权实体，也不会主动泄露获得的解密信息。

(5) 各实体之间都有安全信道，安全信道是由各方通过相互之间的密钥协商获得的共享密钥建立的，也可以基于相互之间的公私密钥加解密的方式建立。

4.3.4　算法框架

本节对方案设计中的算法框架进行了描述。

(1) $\text{Setup}(n, S, k_i) \rightarrow (\text{MSK}, \text{PK})$。这是由数据拥有者运行的初始化算法，输入属性集合 $S = \{s_1, s_2, \cdots, s_\alpha\}$，随机数 $k_1, k_2, \cdots, k_\alpha \in Z_r$ 至属性密钥管理系统。密钥生成器随机选择 $n (n \in Z_r)$，输出系统公钥 $\text{PK} = \{k_1 G, k_2 G, \cdots, k_\alpha G\}$，系统主密钥 $\text{MSK} = \{k_1, k_2, \cdots, k_\alpha, n, G\}$。

(2) $\text{AKMSKeyGen}(\text{MSK}, \text{uid}) \rightarrow (\text{SK}_{S_{i,\text{uid}}})$。这是由属性授权器运行的私钥生成算法，输入主密钥 MSK 及用户标识符 uid，输出用户私钥。

(3) $\text{Encrypt}(M, s, \text{PK}, (A', \rho), v, u) \rightarrow \text{CT}$。这是由数据拥有者运行的加密算法，以原始数据 M、密钥 s、公钥 PK、访问控制策略 (A', ρ)，以及向量 v、u 为输入，输出密文 CT。

(4) $\text{Decrypt}(\text{CT}, \text{SK}_{\rho(y), \text{uid}}) \rightarrow M$。这是由授权用户运行的解密算法，输入密文 CT 与用户私钥 $\text{SK}_{\rho(y), \text{uid}}$，输出原始数据 M。

(5) $\text{Update}(\text{uid}_{\text{RL}_x}, h_x, k_x, n) \rightarrow \{\text{PK}_x, \text{SK}_{x, \text{uid}_{\text{RL}_x}}, \text{CT}'\}$。这是由数据拥有者运行的密钥更新算法，输入用户集 RL_x 的标识符 uid_{RL_x}、代表属性 x 的随机数 h_x 和原随机数 k_x 和 n，输出更新后的公钥 PK_x、私钥 $\text{SK}_{x, \text{uid}_{\text{RL}_x}}$ 和密文 CT′。

(6) $\text{Verify}(R, X_{\text{RL}_x}, \Omega_{\text{RL}_x}) \rightarrow \text{result}$。这是由数据拥有者运行的删除验证算法，输

入属性授权器返回的属性列表 Hash 树的根值 R、用户集 RL_x 的 Hash 值 X_{RL_x} 和辅助认证信息 Ω_{RL_x}，输出验证结果 result。

4.3.5　方案设计

1. 设计思想

云服务提供商在为用户提供服务时，可能会为了利益或者其他原因非法获取甚至兜售用户的数据。因此，为了保护用户数据的安全性，用户需要对数据加密。但是，如果将加密过程甚至整个确定性删除系统设计得过于复杂，就会导致许多额外的开销，影响各个实体间的执行效率，这与云存储服务方便灵活的特点相悖。因此，在设计云数据确定性删除方案时，除了要考虑数据拥有者的数据在云端的安全性问题，还需要考虑系统中各个实体的效率。

ESAD 方案旨在建立一个安全且高效的云数据确定性删除系统。首先，为了提高加解密过程的效率，ESAD 使用椭圆曲线中简单的标量乘法代替复杂的双线性对，简化了加解密过程的计算，在保证用户数据安全性的同时提升了数据的加解密效率。然后，使用线性秘密共享方案（LSSS）对加密密钥进行拆分，实现细粒度的访问控制。同时，为了防止用户间的合谋攻击，每个授权用户都被分配一个全局标识符 uid，与该用户的属性绑定生成私钥。用户的属性集合由属性授权器通过列表的形式进行维护。最后，通过更改属性授权器中的属性，使用户私钥无法解密云端数据，从而实现云数据的确定性删除。

2. 具体描述

ESAD 方案工作流程中的主要算法描述如下。

设 $GF(p)$ 为 p 阶有限域，E 为定义在有限域 $GF(p)$ 上的椭圆曲线，r 为椭圆曲线 E 中子群的阶数，G 是子群中的一个基点，G 生成椭圆曲线 E 的一个循环子群。Z_r 为 r 阶整数域，随机选择一个单向函数 $H:\{0,1\}^* \rightarrow Z_r^*$，将用户 uid 映射到整数域 Z_r 上。

步骤 1：系统初始化。

$$\text{Setup}(n, S, k_i) \rightarrow (\text{MSK, PK})$$

设属性集合为 S，属性集合中的属性元素为 $\{s_1, s_2, \cdots, s_\alpha\} \in S$，其中，$s_i$ 为属性集合中的第 i 个属性 $i = 1, 2, \cdots, \alpha$。对于系统属性集合 S 中的每一个属性 s_i，数据拥有者随机选择参数 $k_1, k_2, \cdots, k_\alpha \in Z_r$ 上传至属性密钥管理系统。密钥生成器随机选择 $n \in Z_r$，生成系统公钥：

$$\text{PK} = \{k_1 G, k_2 G, \cdots, k_\alpha G\} \tag{4.2}$$

生成系统主密钥：

$$\text{MSK} = \{k_1, k_2, \cdots, k_\alpha, n, G\} \tag{4.3}$$

为了防止合谋攻击，属性授权器对系统中的每一个用户维护一份与其 uid 对应的用户属性列表，如表 4.1 所示。其中，$k_{A_{\text{uid}_{n,i}}}$ 代表用户 uid_n 属性集合 A_{uid_n} 中的第 i 个属性值。

表 4.1　用户属性列表

uid₁	uid₂	⋯	uid_n
$k_{A_{\text{uid}_{1,1}}}$	$k_{A_{\text{uid}_{2,1}}}$	⋯	$k_{A_{\text{uid}_{n,1}}}$
$k_{A_{\text{uid}_{1,2}}}$	$k_{A_{\text{uid}_{2,2}}}$	⋯	$k_{A_{\text{uid}_{n,2}}}$
⋮	⋮	⋮	⋮
$k_{A_{\text{uid}_{1,l}}}$	$k_{A_{\text{uid}_{2,l}}}$	⋯	$k_{A_{\text{uid}_{n,l}}}$

步骤 2：私钥生成。

$$\text{AKMSKeyGen}(\text{MSK}, \text{uid}) \rightarrow (\text{SK}_{S_{i,\text{uid}}})$$

对于用户 uid 属性集合 A_{uid} 中的每个属性 s_i，属性授权器计算用户私钥：

$$\text{SK}_{S_{i,\text{uid}}} = k_i + H(\text{uid})n \tag{4.4}$$

步骤 3：数据加密。

$$\text{Encrypt}(M, s, \text{PK}, (A', \rho), v, u) \rightarrow \text{CT}$$

数据拥有者对原始数据 M 进行加密，生成加密数据 CT，加密算法按如下步骤进行。首先，随机选择一个 $s \in Z_r$ 作为加密密钥，计算 $C = M + sG$。然后，利用 LSSS 方案对密钥 s 进行拆分。定义访问控制策略 (A', ρ)，其中 A' 为一个 $m \times l$ 的线性秘密共享矩阵，ρ 为矩阵行向量与属性的映射函数，ρ 把矩阵 A' 的每行 A'_x 映射到一个属性 $\rho(x)$。根据文献[23]的要求，ρ 不会把两个不同的行映射到同一个属性。随机选择参数 $v_2, v_3, \cdots, v_l \in Z_r$，定义向量 $v = (s, v_2, v_3, \cdots, v_l)^T$，对矩阵 A' 的每一行 A'_x，计算内积 $\lambda_x = A'_x \cdot v$。随机选择参数 $u_2, u_3, \cdots, u_l \in Z_r$，定义向量 $u = (0, u_2, u_3, \cdots, u_l)^T$，对矩阵 A' 的每一行 A'_x，计算内积 $\omega_x = A'_x \cdot u$。最后，输出密文：

$$\text{CT} = \{(A', \rho), C, \{C_{1,x} = \lambda_x G + \omega_x \text{PK}_{\rho(x)}, C_{2,x} = \omega_x G\}_{x=1}^{m}\} \tag{4.5}$$

步骤 4：数据解密。

$$\text{Decrypt}(\text{CT}, \text{SK}_{\rho(y), \text{uid}}) \rightarrow M$$

为了解密云端数据，授权用户首先对云端发送密文请求，得到密文后，授权用户将自身 uid 和与每个属性 $y \in A_{\text{uid}}$ 相关的 $(C_{2,y}, \rho(y))$ 发送给属性授权器。属性授权器根据维护的属性列表验证发送者身份及属性集合，如果请求有效，那么对请求的每一个 $(C_{2,y}, \rho(y))$ 计算：

$$C_{2,y} \text{SK}_{\rho(y),\text{uid}} = \omega_y G(k_{\rho(y)} + H(\text{uid})n) \tag{4.6}$$

属性授权器将计算结果发送给授权用户，授权用户接收到返回的结果后，计算

$$C_{1,y} - C_{2,y}\mathrm{SK}_{\rho(y),\mathrm{uid}} = \lambda_y G + \omega_y \mathrm{PK}_{\rho(y)} - \omega_y G(k_{\rho(y)} + H(\mathrm{uid})n)$$

$$= \lambda_y G - \omega_y G H(\mathrm{uid})n \tag{4.7}$$

授权用户选择向量 $c \in Z_r$，使得 $c \cdot A'_x = (1, 0, 0, \cdots, 0)$，计算

$$\sum_{y \in A_{\mathrm{uid}}} c(\lambda_y G - \omega_y G H(\mathrm{uid})n) = sG \tag{4.8}$$

授权用户计算 $C - sG = M$，从而得到原始数据。

步骤 5：密钥更新。

$$\mathrm{Update}\left(\mathrm{uid}_{\mathrm{RL}_x}, h_x, k_x, n\right) \rightarrow \{\mathrm{PK}_x, \ \mathrm{SK}_{x,\mathrm{uid}_{\mathrm{RL}_x}}, \ \mathrm{CT}'\}$$

当数据拥有者更新用户集 RL_x 的属性 x 时，就生成代表属性 x 的随机数 h_x 来代替 k_x，并更新公钥与用户私钥。具体算法如下。对于属性 x，数据拥有者随机选择 $h_x \in Z_r$，且 $h_x \neq k_x$，发送 h_x、k_x 到属性密钥管理系统中的密钥生成器和属性授权器。密钥生成器更新公钥 $\mathrm{PK}_x = h_x G$。属性授权器根据 k_x 搜索拥有属性 x 的用户集 RL_x，更新相应的属性值为 h_x，则更新后的私钥为

$$\mathrm{SK}_{x,\mathrm{uid}_{\mathrm{RL}_x}} = h_x + H(\mathrm{uid}_{\mathrm{RL}_x})n \tag{4.9}$$

数据拥有者随机选择 $\tilde{a} \in Z_r$，并使用与上面相同的 (A', ρ)，随机选择参数 $\tilde{v}_2, \tilde{v}_3, \cdots, \tilde{v}_l \in Z_r$，并定义向量 $\tilde{v} = (\tilde{a}, \tilde{v}_2, \tilde{v}_3, \cdots, \tilde{v}_l)^{\mathrm{T}}$，对矩阵 A' 的每一行 A'_x，计算内积 $\lambda'_x = A'_x \cdot \tilde{v}$。再随机选择参数 $\tilde{u}_2, \tilde{u}_3, \cdots, \tilde{u}_l \in Z_r$，并定义向量 $\tilde{u} = (0, \tilde{u}_2, \tilde{u}_3, \cdots, \tilde{u}_l)^{\mathrm{T}}$，对矩阵 A' 的每一行 A'_x，计算内积 $\omega'_x = A'_x \cdot \tilde{u}$。最后更新密文：

$$\mathrm{CT}' = \{(A', \rho), C' = M + \tilde{a}G, \{C'_{1,x} = \lambda'_x G + \omega'_x \mathrm{PK}_{\rho(x)}, \ C'_{2,x} = \omega'_x G\}_{x=1}^m\} \tag{4.10}$$

步骤 6：数据删除。

$$\mathrm{Delete\ Data}\left(\mathrm{uid}_{\mathrm{RL}_x}, h_x, k_x, n\right) \rightarrow \{\mathrm{SK}_{x,\mathrm{uid}_{\mathrm{RL}_x}}\}$$

当用户集 RL_x 的属性 x 被撤销时，数据拥有者只向属性授权器发送属性 x 的更新请求，将属性列表中表示属性 x 的用户私钥使用新的随机数替换，而不更新公钥。这样，拥有该属性的授权用户将无法对密文进行解密操作，从而实现了云端数据的确定性删除。具体如下：数据拥有者请求属性授权器更新密钥。首先随机选择 $h_x \in Z_r$，然后将属性 x 的原始属性值 k_x 与更新的属性值 h_x 发送到属性授权器，属性授权器根据 k_x 查找到拥有该属性的用户集 RL_x，最后将 k_x 替换成 h_x。属性值替换后的用户私钥为

$$\mathrm{SK}_{x,\mathrm{uid}_{\mathrm{RL}_x}} = h_x + H(\mathrm{uid}_{\mathrm{RL}_x})n \tag{4.11}$$

而公钥依然为 $\mathrm{PK}_x = k_x G$，当 RL_x 中的授权用户解密密文时，对于每个属性

$x \in A_{\text{uid}_{\text{RL}_x}}$ 对应的 $(C_{2,x}, \rho(x))$ 为

$$C_{2,x} \text{SK}_{\rho(x), \text{uid}_{\text{RL}_x}} = \omega_x G(k_{\rho(x)} + H(\text{uid}_{\text{RL}_x})n) \tag{4.12}$$

然后将结果返回到授权用户，授权用户接收到结果后，进行如下计算：

$$C_{2,x} \text{SK}_{\rho(x), \text{uid}_{\text{RL}_x}} = \omega_x G(k_{\rho(x)} + H(\text{uid}_{\text{RL}_x})n)$$

$$\begin{aligned} C_{1,x} - C_{2,x} \text{SK}_{\rho(x), \text{uid}_{\text{RL}_x}} &= (\lambda_x G + \omega_x \text{PK}_{\rho(x)}) - \omega_x G(h_{\rho(x)} + H(\text{uid}_{\text{RL}_x})n) \\ &= (\lambda_x G + \omega_x k_{\rho(x)} G) - (\omega_x h_{\rho(x)} G + \omega_x H(\text{uid}_{\text{RL}_x})nG) \\ &\neq \lambda_x G - \omega_x H(\text{uid}_{\text{RL}_x})nG \end{aligned} \tag{4.13}$$

因此，用户不能对密文进行解密，实现了加密数据的删除操作。

步骤 7：验证。

$$\text{Verify}(R, X_{\text{RL}_x}, \Omega_{\text{RL}_x}) \rightarrow \text{result}$$

当用户集 RL_x 的属性 x 被撤销或更新后，数据拥有者发送验证请求到属性授权器，属性授权器返回属性列表 Hash 树的根值 R，数据拥有者通过对比本地属性列表哈希树的根值 R' 与 R 是否相等，判断属性授权器是否执行了属性更新请求。具体算法如下。首先属性授权器以用户为单位，对每个用户的属性列表进行哈希运算，然后将属性列表每一列的哈希值 X_{uid_i} 作为哈希树的叶子节点，建立哈希树，得到哈希树的根植 R。同时，数据拥有者也维护一个授权用户的属性列表，用与属性授权器同样的哈希函数计算每个用户的属性列表哈希值 X'_{uid_i}，并生成哈希树。当数据拥有者验证属性授权器是否执行更新或删除操作时，请求属性授权器发送更新后属性列表哈希树的根植 R，数据拥有者更新用户集 RL_x 的哈希值为 X'_{RL_x}，之后通过 X'_{RL_x} 与辅助认证信息 Ω_{RL_x} 计算本地哈希树的根植 R'。若 $R'=R$，则表示数据拥有者请求的属性更新操作执行成功，否则表示执行失败。

4.3.6　安全性分析

1. 选择明文攻击

引理 4.1　若攻击者 A 能够在多项式时间内以不可忽略的优势 ε 攻破本节提出的方案，那么存在一个多项式时间的仿真器 B 能以 $\varepsilon/2$ 的优势攻破 ESAD 方案。

证明　假设 G 为 r 阶群 P 的生成元。随机选择 $a, b \in Z_r$、$\beta \in \{0,1\}$ 和 $R \in P$，若 $\beta = 0$，则表示 $Z = abG$，否则当 $\beta = 1$ 时，表示 $Z = R$。接下来，构造仿真器 B 来攻破确定性的决策性 Diffie-Hellman (decisional Diffie-Hellman，DDH) 假设。

(1) 初始化。攻击者 A 选择要攻击的访问结构 (A', ρ) 并发送到仿真器 B。

(2) 设置。仿真器 B 对每个属性 s_i 随机选择 $k_i \in Z_r$，计算 $\text{PK} = k_i aG$，并将其作为公钥。

(3)阶段 1。攻击者 A 适应性地向仿真器 B 进行用户身份 uid_j 和用户属性集合 A_{uid_j} 的密钥生成查询。根据限制,对每一个身份 uid_j,若 A_{uid_j} 满足访问控制结构 (A',ρ),则输出 $\bot$;否则,仿真器 B 通过与 uid_j 对应的属性列表记录的属性来进行响应,对于每一个 $s_j \in A_{\text{uid}_j}$,计算私钥 $\text{SK}_{s_j,\text{uid}_j}=k_j a+H(\text{uid}_j)n$ 并发送到攻击者 A。

(4)挑战。攻击者 A 向仿真器 B 提交相同长度的密文 M_0 与 M_1。仿真器 B 随机选择参数 $\beta\in\{0,1\}$ 和 $s\in Z_r$,生成挑战密文 $C=M_\beta+sG$。然后仿真器 B 随机选择 $v_2,v_3,\cdots,v_l\in Z_r$,定义向量 $v=(a,v_2,v_3,\cdots,v_l)^{\text{T}}$,对矩阵 A' 的每一行 A'_x,计算内积 $\lambda_x=A'_x \cdot v$。再随机选择参数 $u_2,u_3,\cdots,u_l\in Z_r$,定义向量 $u=(0,u_2,u_3,\cdots,u_l)^{\text{T}}$,对矩阵 A' 的每一行 A'_x,计算内积 $\omega_x=A'_x \cdot u$。最后仿真器 B 生成挑战密文:

$$\text{CT}=\{(A,\rho),C,\{C_{1,x}=\lambda_x G+\omega_x k_{\rho(x)}Z,C_{2,x}=\omega_x bG\}_{x=1}^m\} \tag{4.14}$$

并发送给攻击者 A。

(5)阶段 2。与阶段 1 相同,攻击者 A 可以在不违反约束的情况下提交额外的密钥查询。

(6)猜想。攻击者 A 最终输出对 β 的猜测 β'。若 $\beta'=\beta$,攻击者 A 输出 0,则表示猜测 $Z=abG$;否则输出 1,则表示猜测 $Z=R$。若 $Z=abG$,则 CT 为有效密文,因此得出

$$\Pr[Z=abG]=\frac{1}{2}+\varepsilon \tag{4.15}$$

而当 $Z=R$ 时,M_β 对于攻击者来说是完全随机的,得出

$$\Pr[Z=R]=\frac{1}{2} \tag{4.16}$$

最后,可以得到仿真器 B 破坏安全游戏的优势为

$$\text{Ad}=\frac{1}{2}(\Pr[Z=abG]+\Pr[Z=R])-\frac{1}{2}=\frac{1}{2}\left(\frac{1}{2}+\varepsilon+\frac{1}{2}\right)-\frac{1}{2}=\frac{\varepsilon}{2} \tag{4.17}$$

因此,仿真器 B 能以不可忽略的优势模拟确定性的 DDH 假设,所以可以证明本方案是安全的。证毕。

2. 合谋攻击

为了保证云端密文的安全性,抵抗用户间的合谋攻击,ESAD 方案将用户 ID 引入用户的私钥中。在以下场景下证明 ESAD 方案可以抵抗合谋工具。假设 Alice 打算与 Bob 勾结在访问结构 $A\wedge B\wedge(C\vee D)$ 时解密密文。Alice 拥有属性 A 和 B,Bob 只拥有属性 C。可以看出,Alice 和 Bob 不能单独解密密文,但如果他们互相串通,那么可以使用他们的私钥来解密密文,其计算过程如下所示。

Alice 将部分密文发送到属性授权器，属性授权器对于每个属性 $x \in \{A,B\}$ 返回部分解密结果 $\lambda_x G - \omega_x GH(\text{ID}_{\text{Alice}})n$，Bob 将部分密文发送至属性授权器，得到部分解密结果 $\lambda_C G - \omega_C GH(\text{ID}_{\text{Bob}})n$。因为 Alice 与 Bob 拥有不同 ID，因此有 $H(\text{ID}_{\text{Alice}}) \neq H(\text{ID}_{\text{Bob}})$，于是：

$$\sum_{x \in \{A,B,C\}} c(\lambda_x G - \omega_{Cx} GH(\text{ID})n) \neq sG \tag{4.18}$$

因此二者不能解密密文，合谋攻击无效。

4.3.7 性能分析

本节对综合功能、通信成本与计算性能进行了测试。

1. 综合功能对比

在综合功能对比中，为了更好地说明 ESAD 功能上的优势，选择 ADBST 方案[2]、ISS 方案[15]、CP-ABE-R 方案[16]和 AD-KP-ABE 方案[20]与 ESAD 方案进行了对比。综合功能对比主要从安全性与细粒度访问控制方面进行比较，如表 4.2 所示。ESAD 方案实现了属性级的用户撤销，用户的某个属性被撤销不会影响该用户其他合法属性的正常访问。同时，ESAD 方案能有效地抵御各种攻击，且能预防因单点故障引起的系统瘫痪。AD-KP-ABE 方案虽然也实现了属性级的用户撤销，但与 ESAD 方案相比不能抵御合谋攻击和嗅探攻击，也不能预防单点故障，所以安全性较差。CP-ABE-R 方案实现了系统级的用户撤销，一旦用户的某个属性被撤销，该用户就无法访问系统中的加密数据，在细粒度访问控制方面不及 ESAD 方案与 AD-KP-ABE 方案。由于 CP-ABE-R 方案采用 LSSS 方案对密钥进行处理，所以 CP-ABE-R 方案能够预防单点故障。ISS 方案的安全性较高且能预防单点故障，但没有实现细粒度访问控制。ADBST 方案不能预防单点故障，且没有实现对密文的细粒度访问控制。综上所述，ESAD 方案较其他方案有较高的安全性，且实现了对密文的细粒度访问控制。

表 4.2 综合功能对比

项目	ESAD	AD-KP-ABE	CP-ABE-R	ISS	ADBST
合谋攻击	是	否	否	—	—
跳跃攻击	是	是	是	是	是
嗅探攻击	是	否	否	是	是
单点故障	是	否	是	是	否
细粒度访问控制	属性级	属性级	系统级	否	否

2. 通信成本对比

在通信成本对比中，比较了和 ESAD 方案同类型的 CP-ABE-R 方案与

AD-KP-ABE 方案。其中所使用的描述符如下：$|C_1|$ 表示 G 中数据元素的长度；$|C_p|$ 表示 Z_p 中数据元素的长度；$|C_M|$ 表示明文的长度；$|C_T|$ 表示 G_T 中元素的长度；t 表示系统中属性的个数；k 表示用户密钥中属性的个数；n_{user} 表示整个系统中用户的总个数；n_{attr} 表示所有用户属性的总个数；n_{ra} 表示系统中撤销属性的个数；n_{col} 表示密文访问结构矩阵列数；n_{str} 表示密文访问结构中属性的总个数。表 4.3 展示了 ESAD 方案与 AD-KP-ABE 方案和 CP-ABE-R 方案通信成本的对比。通信成本主要受密钥和密文的长度影响。AKMS 与数据拥有者(DO)之间的通信主要由更新属性与密钥产生。在 ESAD 方案中，由于使用了最少的公钥，并且删除操作只发送需要删除的属性，故通信开销低于其他两种方案。AKMS 与授权用户(AU)之间的通信主要由请求私钥产生。在 ESAD 方案中，私钥存储在属性授权器中，当授权用户解密密文时，只需要发送部分与用户属性相关的密文内容到授权用户进行部分解密，然后授权用户再返回结果，因此通信开销很低。而另外两种方案需要发送全部私钥，故通信开销较大。云服务提供商(CSP)与 DO 和 CSP 与 AU 的通信开销主要与密文有关。在 AD-KP-ABE 方案中 CSP 负责密文更新，然后返回验证结果，所以 AD-KP-ABE 方案中 CSP 与 DO 的通信开销比另两种方案大。在 CSP 与 AU 的通信开销方面，三者的通信开销相差不大。总的来说，在通信开销方面 ESAD 方案比另外两个方案更好。

表 4.3　通信成本的对比

项目	ESAD 方案	AD-KP-ABE 方案	CP-ABE-R 方案
AKMS 和 DO	$t|C_1|+(n_{ra}+1)|C_p|$	$(n_{attr}+2)|C_1|+|C_T|+(n_{attr}+n_{ra}+1)|C_p|$	$(n_{col}\cdot t+6)|C_1|+|C_T|+|C_p|$
AKMS 和 AU	$2k|C_1|$	$|C_1|+(n_{str}+2)|C_p|+|C_T|$	$(k+3+n_{col})(n_{user}+1)|C_1|$ $+(n_{col}\cdot n_{str}+1)|C_T|$
CSP 和 DO	$(n_{col}\cdot n_{str})|C_p|+|C_M|+2n_{str}|C_1|$	$|C_M|+(n_{attr}+1)|C_1|+|C_p|(n_{attr}+n_{ra}+1)$	$3|C_1|+(n_{col}\cdot n_{str}+1)|C_T|+|C_M|$
CSP 和 AU	$(n_{col}\cdot n_{str})|C_p|+|C_M|+2n_{str}|C_1|$	$|C_M|+(n_{attr}+1)|C_1|+n_{str}|C_p|$	$3|C_1|+(n_{col}\cdot n_{str}+1)|C_T|+|C_M|$

3. 计算性能

在密钥生成时间、数据加密时间、数据解密时间与数据删除时间四个方面对 EASD 方案的计算性能进行了分析。测试数据文件大小为 1MB，取 $n_{user}=10$、$n_{ra}=1$ 和 $n_{col}=4$。

从图 4.3～图 4.6 中可以看出，随着访问结构中属性数量的增加，密钥生成时间、数据加密时间、数据解密时间也在增加，而数据删除时间稳定在一定的数值范围内。这是由于 ESAD 方案的密钥生成与用户属性个数有关，ESAD 方案的加密运算是对访问控制矩阵做简单的标量乘运算，因此加密效率很高，ESAD 方案由于将密文的部分解密外包给属性授权器，解密时间要略低于加密时间。删除数据时，ESAD 方案的删除策略是对密钥进行更新，使得密文无法被解密，因此，属性数量增加不会增加数据删除时间。

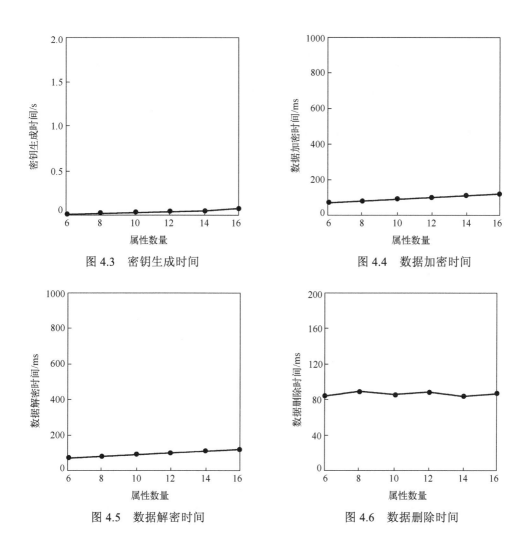

图 4.3 密钥生成时间

图 4.4 数据加密时间

图 4.5 数据解密时间

图 4.6 数据删除时间

4.4 本 章 小 结

本章针对数据的确定性删除进行了介绍，并根据使用的技术手段将数据的确定性删除方案进行划分，分析现有确定性删除方案的研究现状和不足，提出了基于属性基加密的高效确定性删除方案——ESAD，并对其进行了详细的阐述。4.1 节介绍了确定性删除。4.2 节对确定性删除这一领域的相关研究进行了具体的分析和解读。4.3 节对本章的主要工作进行了详细的介绍。未来作者还将继续在这一领域进行一系列的针对性研究，并结合区块链、物联网等新技术进行进一步的研究。

参 考 文 献

[1] Paul M, Saxena A. Proof of erasability for ensuring comprehensive data deletion in cloud computing[C]. International Conference on Network Security and Applications, Chennai, 2010: 340-348.

[2] Perito D, Tsudik G. Secure code update for embedded devices via proofs of secure erasure[C]. European Symposium on Research in Computer Security, Athens, 2010: 643-662.

[3] Luo Y, Xu M, Fu S, et al. Enabling assured deletion in the cloud storage by overwriting[C]. Proceedings of the 4th ACM International Workshop on Security in Cloud Computing, Xi'an, 2016: 17-23.

[4] 杜瑞忠, 石朋亮, 何欣枫. 基于覆写验证的云数据确定性删除方案[J]. 通信学报, 2019, 40(1): 130-140.

[5] Yang C, Chen X, Xiang Y. Blockchain-based publicly verifiable data deletion scheme for cloud storage[J]. Journal of Network and Computer Applications, 2018, 103: 185-193.

[6] Zhang M, Zhang H, Yang Y, et al. PTAD: Provable and traceable assured deletion in cloud storage[C]. 2019 IEEE Symposium on Computers and Communications, Barcelona, 2019: 1-6.

[7] Perlman R. File system design with assured delete[C]. Proceedings of the 3rd IEEE International Security in Storage Workshop, San Francisco, 2005.

[8] Boneh D, Lipton R J. A revocable backup system[C]. Proceedings of the 6th USENIX Security Symposium, San Jose, 1996: 91-96.

[9] Mo Z, Xiao Q, Zhou Y, et al. On deletion of outsourced data in cloud computing[C]. Proceedings of the 2014 IEEE 7th International Conference on Cloud Computing, Anchorage, 2014: 344-351.

[10] Reardon J, Ritzdorf H, Basin D, et al. Secure data deletion from persistent media[C]. Proceedings of the 2013 ACM SIGSAC Conference on Computer and Communications Security, Berlin, 2013: 271-284.

[11] Yao W, Chen Y, Wang D. Cloud multimedia files assured deletion based on bit stream transformation with chaos sequence[C]. International Conference on Algorithms and Architectures for Parallel Processing, Helsinki, 2017: 441-451.

[12] Tang Y, Lee P P C, Lui J, et al. FADE: Secure overlay cloud storage with file assured deletion[C]. International Conference on Security and Privacy in Communication Systems, Singapore, 2010: 380-397.

[13] Zhang Z, Tan S, Wang J, et al. An associated deletion scheme for multi-copy in cloud storage[C]. International Conference on Algorithms and Architectures for Parallel Processing, Guangzhou, 2018: 511-526.

[14] Geambasu R, Kohno T, Levy A A, et al. Vanish: Increasing data privacy with self-destructing data[C]. Proceedings of the 18th USENIX Security Symposium, Montreal, 2009: 299-316.

[15] 熊金波, 姚志强, 马建峰, 等. 面向网络内容隐私的基于身份加密的安全自毁方案[J]. 计算机学报, 2014, 37(1): 139-150.

[16] Zu L, Liu Z, Li J. New ciphertext-policy attribute-based encryption with efficient revocation[C]. Proceedings of the 2014 IEEE International Conference on Computer and Information Technology, Xi'an, 2014: 281-287.

[17] Cachin C, Haralambiev K, Hsiao H C, et al. Policy-based secure deletion[C]. Proceedings of the 2013 ACM SIGSAC Conference on Computer and Communications Security, Berlin, 2013: 259-270.

[18] Xiong J, Liu X, Yao Z, et al. A secure data self-destructing scheme in cloud computing[J]. IEEE Transactions on Cloud Computing, 2014, 2(4): 448-458.

[19] Xue L, Yu Y, Li Y, et al. Efficient attribute-based encryption with attribute revocation for assured data deletion[J]. Information Sciences, 2019, 479: 640-650.

[20] 赵志远, 朱智强, 王建华, 等. 云存储环境下无密钥托管可撤销属性基加密方案研究[J]. 电子与信息学报, 2018, 40(1): 1-10.

[21] Shan F, Li H, Li F, et al. An attribute-based assured deletion scheme in cloud computing[J]. International Journal of Information Technology and Web Engineering, 2019, 14(2): 74-91.

[22] Ma J, Wang M S, Xiong J B, et al. CP-ABE-based secure and verifiable data deletion in cloud[J]. Security and Communication Networks, 2021(3): 1-14.

[23] Lewko A, Okamoto T, Sahai A, et al. Fully secure functional encryption: Attribute-based encryption and (hierarchical) inner product encryption[C]. Proceedings of the 29th Annual International Conference on the Theory and Applications of Cryptographic Techniques, Riviera, 2010.

第 5 章　云存储数据的一致性证明研究

5.1　数据一致性证明概述

随着网络规模的不断扩大，数据呈海量式增长，仅依靠单台计算机已经远远不能满足各种用户日益复杂的需求[1]。为此，具有高性能和可扩展性等优点的分布式云存储技术应运而生，它将一个复杂的问题分割成许多个小问题，交给多台计算机处理，最后把多台计算机处理的结果进行整合便可以得到整个问题的处理结果[2]。为了给用户提供高效率和可扩展的服务，云服务提供商一般将服务器节点分布在不同的地理位置[3]。在高并发的网络环境下，连接在不同节点的客户端可能同时对同一数据的不同副本进行读取，为了保证各个客户端读到相同的数据，需要对各节点进行数据同步使其保持一致的状态。此外，2018 年，科技部发布的"云计算和大数据"重点专项项目中提到了对数据副本一致性理论的研究，说明分布式环境下的数据一致性已成为分布式存储技术应用中的关键问题之一。

云存储系统实现数据一致性必须满足 CAP 定理，即不能同时满足以下三个条件，最多只能两者兼顾。一致性：多个用户同时访问系统中的任意节点获取到的数据应一致。可用性：对于用户发出的请求，无论正确与否，系统必须在一定的时间内给予合理的响应。分区容忍性：允许网络分区的存在，即使特定分区之间不能正常通信，系统整体对外仍能提供正常的服务。

因此，在设计数据一致性方案时需充分地权衡三者的条件。目前提出的数据一致性模型按强度主要划分为强一致性、因果一致性和弱一致性。在理想情况下，对任何数据项的更新在其所有副本中立即可见称为强一致性，强一致性虽然有简单的语义，但是引发了高延迟和不允许网络分区现象[3]；弱一致性要求写入一条数据之后，在需要存储该数据副本的其他节点上可能读到此数据，也可能读不到，系统中所有副本之间的状态达成一致所需要的时间是不确定的[4]，它采用异步的方式更新副本，虽然能够有效地提升性能并可以容忍网络分区，但可能会导致客户端异常。因果一致性是介于强一致性和弱一致性中间的协议，既可以有效地解决高延迟和网络分区等问题[5]，也能提供数据的及时更新。因此，因果一致性成为近几年广大学者研究的热点。

5.2　研　究　现　状

　　早在 20 世纪 90 年代研究者就开始对数据一致性进行探索，因果一致性模型作为最有吸引力的模型，在实现分布式云存储环境下各数据中心的数据一致性方面扮演了至关重要的角色[6]。之后，国内外学者对因果一致性模型进行了许多有益尝试，纷纷提出了各种具有不同目标的因果一致性模型方案。

　　传统的因果一致性模型方案主要是基于节点间的时钟同步方案，其中包括节点间利用物理时钟同步的方案和节点间利用混合逻辑时钟同步的方案[7]。随着大数据的迅速发展，传统的分布式数据存储已经无法满足用户的需求。对此，因果一致性模型的研究工作也开始逐步集中于地理复制策略[8]，其中包括完全地理复制策略方案和部分地理复制策略方案，模型利用不同的地理复制策略实现数据中心间的数据一致性[9-11]。同时，对全局稳定策略的研究也给予重点关注，出现了以不同角度、不同目标为中心的因果一致性模型。此外，一些学者还从事务的序列化和用户事件的读写锁机制角度对因果一致性的约束进行了研究。总的来说，因果一致性模型在数据一致性研究工作中得到了广泛的应用[10]。无论是关于时钟同步方案的研究，还是关于地理复制策略和全局稳定策略方案的研究[11]，都旨在提升因果一致性模型的各种性能之间进行权衡。

　　然而，当前关于因果一致性模型的研究都是在基于安全理想的分布式云存储环境下进行的，其研究成果很少考虑云存储环境中不安全因素的影响。病毒、木马、黑客入侵等不安全因素的存在难免会对用户的操作结果一致性产生影响，例如，用户写入与查询数据过程中，服务器主副节点的数据可能会因节点存在不安全因素被篡改，影响数据一致性操作结果的可信性；节点间同步新数据过程中，节点与节点间、节点内分区间可能因信道不可信造成同步数据被窃听、篡改、阻碍或延迟，造成节点间数据无法正确同步。

5.3　面向优化数据中心结构的一致性协议设计

5.3.1　基于邻接表的部分复制因果一致性模型

　　目前，大多数因果一致性模型都面临吞吐量和更新可见性之间的权衡问题。然而，这些模型无法充分地利用部分地理复制的优势。针对上述研究问题，本节提出了一种基于邻接表的因果一致性模型 Adjoin。Adjoin 是 CausalSpartan[12] 的延续和扩展，它可以在保证更新可见性的同时实现高吞吐量，并支持真正的部分地理复制。它通过邻接表表示数据中心 (DC) 之间的副本存储关系，并在更新传播过程中将需要复制的数据直接发送到特定的 DC。同时，它要求每个 DC 只存储和管理与本地数据项相关的元数据，因此可以降低系统的通信成本。此外，它改进了 CausalSpartan 中涉及的向量时间戳技术，使用向量时间戳来指示当前 DC 的最新稳定状态，并且位于其单链表上的 DC 既可以确保更新可见性，也可以减少存储的元数据。客户端通过存储邻接依赖集指示它已读取的版本的最大时间戳，并且服务器在执行更新操作时可以保证因果一致性。

1. 系统模型

在分布式键值存储系统中，客户端写入的数据保存到 M 个 DC 中，每个 DC 分为 N 个分区（即服务器）。如图 5.1 所示，一个服务器 p_n^m 由分区 id(n) 和 DC id(m) 标识，p_n^m 的数据被复制到 $R(R \leqslant M)$ 个不同的 DC（即副本），因此，每个 DC 存储完整数据的子集。

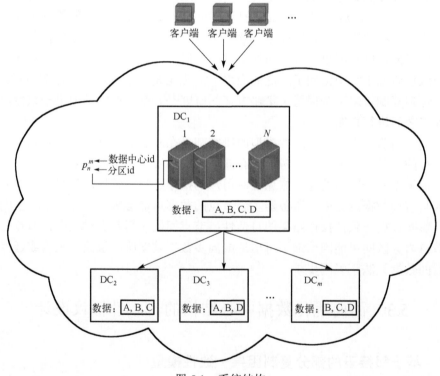

图 5.1　系统结构

分布式存储系统采用多版本数据存储的方式为每个键(key)存储多个版本(除了键和值，每个版本还存储一些元数据来描述数据的属性)。每次执行更新或写入操作时，系统都会为键创建一个新版本，执行读取操作返回由键标识的对应版本。

2. 冲突处理规则

如果同一个键的两个写操作 a 和 b 同时进行，并且两者之间没有因果关系，那么这两个操作就是冲突的。一个键的两次冲突写入可以以不同的顺序传播到远程副本，这可能导致副本永远分离。为了解决写入冲突，Adjoin 使用 last-writer-wins 策略。默认情况下，此策略使用系统定义的时间戳属性并依赖于时钟同步协议。对于两个冲突的写入，具有最新时间戳的写入胜出。如果这两次写入的时间戳相等，那么系统会根据一些规则确定最终获胜者。

3. 方案设计

1) 使用邻接表存储数据中心(DC)之间的关系

在部分复制的分布式系统中，由于副本存储，DC 之间形成了复杂的关系。为了可视化这些关系，本节定义了一个无向图。

在无向图中 $G=(V,\{E\})$，其中 V 是有限的非空顶点集，E 是顶点之间的一组关系，$V=(DC_1,DC_2,DC_3,\cdots)$。$DC_i \in V$ 表示系统中有一个数据中心 DC_i。如果两个数据中心(DC_i 和 DC_j)存储了相同的数据副本，那么存在边 $<DC_i,DC_j>\in E$，说明这两个数据中心具有邻接关系。

如图 5.2 所示，假设有 m 个 DC，并使用邻接表来存储它们之间形成的无向图。客户端将更新写入连接的 DC。当这些更新执行完成时，需要将它们同步到其他 DC。首先通过查询邻接表来确定与当前更新的 DC 有邻接关系的节点，然后向这些节点发送更新。这样可以减少系统同步开销并增加吞吐量。

2) 生成时间戳

Adjoin 使用混合逻辑时钟(HLC)生成时间戳[13]。HLC 结合了物理时钟和逻辑时钟[14]的优点。时间戳包含两个组件：第一个是本地物理时钟，第二个是逻辑组件。当收到两个或更多事件请求时，单独使用物理时钟不足以跟踪因果关系，HLC 的逻辑部分会自动向前移动以匹配传入事件的时间戳。当服务器的物理时钟发生漂移时，单独使用物理时钟会迫使系统等待(等待时间与服务器之间的时钟偏差成正比)，直到本地时钟赶上事件的时间戳。而使用 HLC 可以避免这一问题，从而减少更新可见性延迟。此外，在没有传入事件的情况下，不同分区之间的 HLC 将以大致相同的速率增加。

3) 时间戳稳定机制

为了跟踪因果一致性，大多数模型都有时间戳稳定机制。如果 DC_i 不再收到来自客户端 c 的时间戳 $ts \leq t$ 的更新请求，那么称时间戳在时间 t 是稳定的，并且在时间 t 之前写入 DC_i 的所有更新对 c 都是可见的。

在 GentleRain[15]中，每个 DC 都维护全局稳定时间(global stable time，GST)。GST 是一个标量时间戳，用于指示每个 DC 中的最新稳定状态。

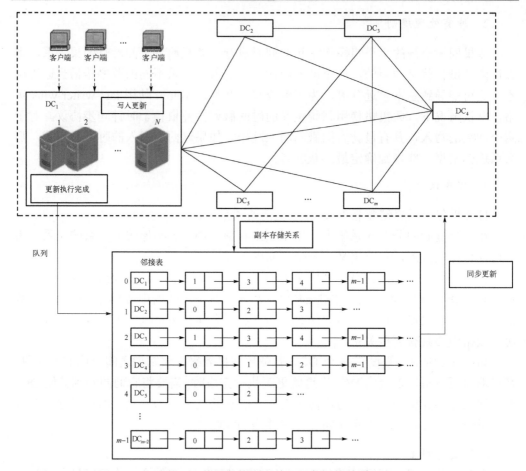

图 5.2 使用邻接表存储 DC 之间的关系

GST 存储的元数据很少，因此，GentleRain 使用它对吞吐量的影响很小。但是，当服务器执行本地更新并将其发送到远程 DC 进行复制时，直到远程 DC 的 GST 大于本地时间戳时，该更新对远程客户端才可见，这会增加更新可见性延迟。CausalSpartan 与 GentleRain 不同，其为每个 DC 设置了一个数据中心稳定向量（DSV）。DSV 是一个向量时间戳，包含系统中所有 DC 的时钟条目。在 DC_i 中 $DSV[j]=t$ 表示在时间 t 之前写入 DC_j 的所有更新已经在 DC_i 中可见。虽然 DSV 保证了更新可见性，但每个 DC 会存储更多元数据，因此降低了吞吐量。

为了避免上述问题，Adjoin 在支持部分地理复制的环境中使用了邻接稳定向量（adjacency stable vector，ASV）。类似于 CausalSpartan 中使用的 DSV，ASV 是一个向量时间戳，但它只包含当前 DC 和位于其单链表上的 DC 的时钟条目。

本节假设系统中有 DC_1、DC_2、DC_3、DC_4 和 DC_5。如果 DC_1 的相邻节点是 DC_2 和 DC_3，那么本节将 DC_2 和 DC_3 放在以 DC_1 为顶点的单链表上。DC_1 的 ASV 只需要

存储 DC_2 和 DC_3 的时间戳，不存储 DC_4 和 DC_5 的任何信息。ASV 允许每个 DC 存储较少的元数据，因此可以减少系统开销以提高吞吐量。同时，通过使用 ASV，本节可以实时捕捉每个 DC 的稳定状态，从而保证更新可见性。

4) 元数据存储

Adjoin 使用多版本键值存储。除了键和值，存储在每个版本中的元数据还包括分配给它的时间戳(ts)、源副本 id(sr)、当前 DC 和位于其单链表上的 DC 的 id 与 HLC 时间戳的集合。本节将其表示为邻接依赖集(adjacency dependency set，ADS)。

在一个会话中，客户端 c 存储了 ADS_c，对于每个 DC_i，ADS_c 中最多有一个条目 <i, h>，其中 i 表示 DC 的 id，h 表示客户端 c 读取版本的最新时间戳。这些版本最初在 DC_i 中写入。同时客户端存储 ADV_c，表示当前知道的最新 ASV。每个服务器 p_n^m 存储一个版本向量(version vector，VV)，其中包含 R(该分区的副本数)个 HLC 时间戳，用 VV_n^m 表示。对于 $i \neq m$，$VV_n^m[i]$ 表示从分区 n 的第 i 个副本接收到的最新时间戳。$VV_n^m[m]$ 是在分区中写入的版本的最高时间戳。

4. 性能分析

1) 实验环境设置

Adjoin 开发和测试的本地环境基于 Windows 10(64 位)系统，配置为 Intel Core i7-6700(3.40GHz CPU 和 16GB RAM)。本节使用 DKVF 平台来管理和部署分布式副本节点。本节在阿里云上设置远程服务器，运行 CentOS 7.3(64 位)系统，其具有 Intel Xeon E5-2680v3(2.5GHz 虚拟 CPU 和 4GB RAM)。默认情况下，我们将工作负载的读写比率设置为 50∶50。客户端根据 Zipfian 记录选择策略访问一个分区的内部键。数据字段长度设置为 10 字节，系统初始化记录数设置为 1000 条，操作次数设置为 1000 次。每隔 5ms 交换分区间的版本向量并计算新的邻接稳定向量。心跳机制每 10ms 运行一次。每个实验运行大约 5min。

2) 实验结果分析

(1) 更新响应时间。

本节在同一台物理机上部署了两个虚拟服务器，以研究时钟偏差对更新响应时间的影响。在实际网络中，两个虚拟服务器之间的延迟大约为 1ms，但是这个延迟会受到很多因素的影响。为了使实验结果更加准确，本节人为地改变了时钟偏差的值。图 5.3 显示了当客户端以循环方式向服务器发送 1000 个请求时平均更新响应时间的变化。

随着时钟偏差的增加，Adjoin 因为其在接收到更新请求时使用 HLC 时钟来生成时间戳，服务器会立即处理它，因此 Adjoin 的响应时间不受时钟偏差的影响。

当两台服务器部署在不同的物理机上，在不引入任何人工时钟偏差的情况下运行相同的实验，并使用网络时间协议来同步物理时钟，模拟了理想条件下同一物理机器上有两个分区的情况。如图 5.4 所示，ASV 存储的元数据更少。

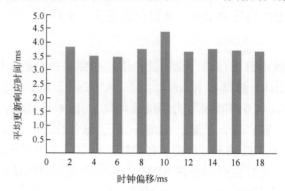

图 5.3　服务器运行在同一台物理机上的平均更新响应时间

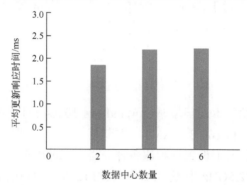

图 5.4　服务器运行在不同的物理机上的平均更新响应时间

(2) 吞吐量。

吞吐量是客户端单位时间内更新键值对的数量，即客户端更新键值对的速度。为了测试 Adjoin 的系统吞吐量，本节进行了以下实验。

在第一个实验中，本节将 DC 的数量设置为 4，客户端更新并从每个分区中随机选择一个键进行更新和读取。本节不断改变分区数量并观察系统吞吐量。在 DC 中更新键版本后，Adjoin 只需要将更新的版本发送到当前 DC 单链表上的节点，从而减少通信开销。如图 5.5 所示，Adjoin 实现了较高的系统吞吐量。

在第二个实验中，本节将分区数设置为 8，客户端不断向本地 DC 循环发送读写请求，并且相关的 DC 会定期同步。随着 DC 数量的不断增加，每个分区的版本向量中存储的元数据不断增长，导致每个 DC 内部计算稳定向量的成本增加，从而牺牲了系统吞吐量。如图 5.6 所示，在基于邻接表的 Adjoin 中，每个分区的版本向量只存储更新相同键的 DC 的时间戳。由于 Adjoin 存储的元数据更少，因此完成稳定向量计算所需的开销更少，牺牲了更少的系统吞吐量。

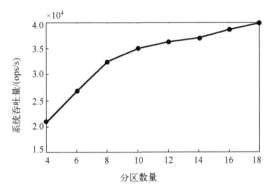

图 5.5　不同分区数量的系统吞吐量

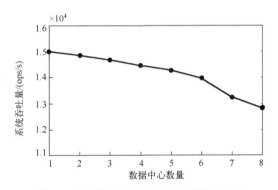

图 5.6　不同数据中心数量的系统吞吐量

(3) 更新可见性延迟。

更新可见性延迟是一个 DC 中的客户端写入更新与另一个 DC 的客户端读取此更新之间的时间间隔。它与节点之间的往返时间 (round trip time，RTT) 成正比，本节使用分配给版本的时间戳来计算它。

慢副本是指由于一定距离导致通信延迟过长，或者网络分区故障导致与其他节点通信延迟的 DC。在 Adjoin 中，使用 ASV 来跟踪写入不同 DC 的依赖关系。因此，较长的网络延迟仅会影响特定 DC 之间的通信，而不会影响其他独立 DC 之间的通信。

为了测量 Adjoin 的更新可见性延迟，本节将位于北京、上海和贵阳的云服务器作为远程服务器，将保定的当前主机作为本地服务器。表 5.1 给出了本地服务器之间及本地服务器与远程服务器之间通信的往返时间。较大距离造成的传输延迟是往返时间增加的主要原因。

表 5.1　往返时间

服务器位置	保定	北京	上海	贵阳
往返时间/ms	0.63	13.41	38.09	77.36

　　如图 5.7 所示，因为 Adjoin 都使用向量时间戳来指示每个 DC 中的最新稳定状态，因此更新可见性延迟并不会随着往返时间的增加而增加。

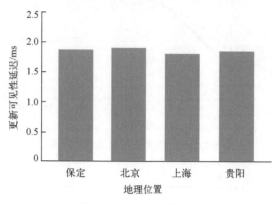

图 5.7　更新可见性延迟

5. 未来展望

　　支持部分地理复制的因果一致性模型 Adjoin 允许每个 DC 只存储完整数据副本的一个子集，它使用邻接表来表示 DC 之间的存储关系。对于每个 DC，与该 DC 存储相同数据的节点都在其单链表上。当键的版本在 DC 内更新时，更新的版本将沿单链表传播和复制。与完全地理复制不同，部分地理复制仅需要存储着相同数据的节点之间保持一致，而不是要求系统中的所有节点必须在一段时间内同步。因此，Adjoin 引入了 ADS 和 ASV 来跟踪因果一致性，ADS 和 ASV 仅存储当前 DC 和其单链表上的 DC 的元数据。Adjoin 大大减少了基于完全地理复制的因果一致性模型造成的系统资源浪费。本节通过实验评估了 Adjoin 的性能，结果表明 Adjoin 在保证更新可见性的同时提高了系统的吞吐量。

　　在支持多副本的分布式数据存储系统中，普通计算机节点通过网络互连对外提供整体存储服务，复制相同数据的副本保持一致性。系统统一管理所有节点，随着节点数量的不断增加，管理开销会越来越高。而且，如果创建或删除副本，那么必须在一段时间内同步或通知系统中剩余的节点，这可能会使维护数据副本之间的因果一致性变得更加困难。在以后的工作中，我们会考虑将系统中的节点分组管理。我们计划将节点按照一定的规则分成若干组，每组选举一个 leader，这个 leader 管理组内的其他节点。

5.3.2　基于共享图的部分复制因果一致性模型

　　针对目前因果一致性模型中存在的元数据传播开销大、操作时延和远程更新可见时延高等问题，本节提出基于共享图的部分复制因果一致性模型(CCSGPR)。该模型以共享图拓扑结构为基础，每个数据中心存放完整数据集的子集。同时，本节提出共享稳定向量(shared stable vector，SSV)与混合逻辑时钟相结合的全局稳定策略，在保证因果关系的前提下，实现数据中心间的数据一致性。理论分析和仿真实验结果表明，与现有模型相比，本节所提模型在降低操作时延的同时，可以有效地权衡远程更新可见性和元数据开销。

1．相关方法和内容

1)共享图

共享图是无权无向图，由顶点的有穷非空集合和顶点之间边的集合组成，记作 $G^s = (V^s, E^s)$ ，其中 $V^s = \{1, 2, 3, \cdots, n\}$ 为顶点集合； E^s 为边的集合，包含实线边和虚线边两种，实线边集合记作 $E_1(G^s)$ ，虚线边集合记作 $E_2(G^s)$ 。CCSGPR 使用共享图表述分布式结构，顶点 $i \in V^s$ 代表数据中心 i 。若数据中心 i 和数据中心 j 存在共享键，则存在实线边 $(i, j) \in E^1(G^s)$ 。若存在客户端 c 可以访问数据中心 i 和数据中心 j ，则存在虚线边 $(i, j) \in E^2(G^s)$ 。

N_i 表示与数据中心 i 存在实线连接的数据中心集合； P_i 表示与数据中心 i 存在虚线连接的数据中心集合； K_i 表示存储在数据中心 i 的键的集合； $K_{ij} = K_i \bigcap K_j$ 表示数据中心 i 和数据中心 j 的共享键。由图 5.8 可知，共享图 G^s 由 i 、 V_1 、 V_2 、 V_3 、 V_4 、 V_5 顶点组成，2 个数据中心的共享键标记在图中的实线边上，存在客户端 c 可以访问数据中心 i 、 V_2 、 V_3 和 V_5 ，因此，顶点 i 、 V_2 、 V_3 和 V_5 之间存在虚线边，如 $N_i = \{V_1, V_4\}$ ， $P_i = \{V_2, V_3, V_5\}$ ， $K_{V_1 V_2} = \{k_2\}$ ， $K_{V_1 V_5} = \varnothing$ 。

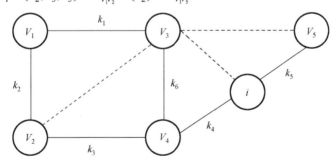

图 5.8　数据中心邻接关系的共享图

在部分复制数据存储中，每个数据中心只存放完整数据集的任意子集，本节利用共享图表述数据中心之间的邻接关系，取消数据中心之间额外的同步开销，本地数据中心 i 写入新数据仅需向 N_i 集合中其他远程数据中心发送数据同步消息和心跳消息，若数据中心 i 存储的子集不包含待读取的数据，则向 P_i 集合中其他数据中心发送迁移操作。元数据利用数据同步消息和心跳消息实现传播，通过共享图拓扑结构，元数据不需要传播到所有的数据中心，同时，允许不同数据中心的服务器之间直接传播数据同步消息和心跳消息，降低元数据同步开销，以提供高吞吐量并降低远程更新可见时延。

2) 全局稳定策略

与目前的因果一致性模型相比，CCSGPR 提出了一种共享稳定向量和混合逻辑时钟(HLC)相结合的全局稳定策略。首先，CCSGPR 用混合逻辑时钟代替物理时钟来跟踪时间的进展，完成时间戳的更新。混合逻辑时钟结合了物理时钟和逻辑时钟，其时间戳 t 由一个物理组件 $t.p$ 和一个逻辑组件 $t.l$ 组成，记作 $<t.p,t.l>$，其中 $t.p$ 是操作发生的物理时钟值，$t.l$ 是追踪因果关系的计数器。因此，混合逻辑时钟充分地发挥了两者的优势，既包含物理时钟自发递增的优点，也包含逻辑时钟易追踪因果关系的优点。在分布式模型中，距离差异等会造成节点之间存在一定的时钟偏差，存在两个 PUT 操作 e_1 和 e_2，若 e_1 happens-before e_2，则 e_2 因果依赖 e_1，受时钟偏差的影响，e_2 的时间戳小于 e_1 的时间戳。为了保证上述 PUT 操作满足因果性，使用物理时钟的因果一致性模型发生操作阻塞，等待 e_2 的物理时钟超过 e_1 的时间戳，造成 PUT 操作时延。CCSGPR 中 e_2 不需要阻塞等待，直接完成操作并为 e_2 标记 $t_{e_1}.p < t_{e_2}.p$ 或 $t_{e_1}.p = t_{e_2}.p \wedge t_{e_1}.l < t_{e_2}.l$ 的混合逻辑时间戳，在保证因果性的前提下，有效地避免了写入操作时延。

其次，记某数据的写入时间戳为 t，因果一致性模型全局稳定的界限为 T，规定仅当 $t < T$ 时，该数据可读。CCSGPR 使用共享稳定向量(SSV)代替全局稳定时间戳来划定模型全局稳定的界限。共享稳定向量由两个元素组成，记作 $SSV = \{t_1, t_2\}$，其中 t_1 代表本地数据中心稳定的界限，t_2 代表远程数据中心稳定的界限。其两个时间戳的选取原则为 t_1 选取本地数据中心 i 中最新数据的时间戳；t_2 选取共享图 N_i 集合中所有远程数据中心时间戳的最小值，即规定本地数据中心更新的数据立即可见，而远程数据中心更新的数据需等待 N_i 集合中所有远程数据中心同步完成更新。HB_{xy} 代表数据中心 x 向数据中心 y 发送的心跳消息值，共享稳定向量中的 t_2 为一组心跳值中的最小值，即 $SSV_i(t_2) = \min_{g \in N_i} HB_{g_i}$。CCSGPR 中数据中心之间的心跳同步如图 5.9 所示，本地数据中心最新数据的时间戳为 a，接收远程数据中心 1 的心跳消息时间戳为 b，接收远程数据中心 2 的心跳消息时间戳为 c，接收远程数据中心 3 的心跳消息时间戳为 d，$SSV = \{a, \min(b,c,d)\}$。一个数据中心内的分区互相定期交换其分区向量(partion vector，PV)，并将其作为该数据中心更新 SSV 的依据。

CCSGPR 在共享图拓扑结构的基础上，利用混合逻辑时钟有效地避免了写操作时延，同时，共享稳定向量仅包含两个时间戳，其根据选取最小值的原则，避免了读取操作时延，降低了元数据开销和数据中心之间的同步开销。

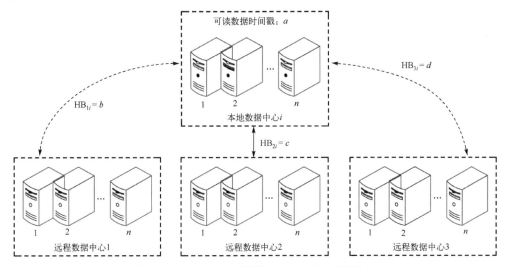

图 5.9　CCSGPR 中数据中心之间的心跳同步

3) CCSGPR 协议

CCSGPR 协议是在分布式存储中稳定运行的通信协议，在操作满足因果一致性要求的前提下，为用户提供安全快速的写入、查询和存储服务。

(1) 元数据。

元数据是描述数据属性的信息，用来支持历史数据、资源查找、文件记录、指示存储位置等功能，元数据开销和效率是衡量系统性能的重要指标，如 Facebook 中，元数据比数据本身大，大型元数据会增加通信和存储开销[16,17]。分布式模型中，采取多版本键值存储方式，用 d 表示元组，该元组包括 $<k, v, \text{ut}, \text{sr}>$，其中，$k$ 是标识键唯一的 ID；v 是键对应的值；ut 是键的更新时间，即该数据的写入时间戳；sr 是 d 的源副本，即创建 d 的数据中心 ID。

由客户端 c 维护的 SSV_c 仅由 2 个时间戳组成。客户端 c 还维护依赖向量（dependency vector，DV），存储远程数据中心的依赖项 DV_c，以保证后续操作满足因果一致性。

服务器 P_n^m 为数据中心 m 中的第 n 个分区，服务器 P_n^m 中配备单调递增的物理时钟，记作 clock_n^m。服务器 P_n^m 的 DV 与客户端 c 中的 DV_c 类似，存储依赖项；SSV_n^m 为服务器存储的全局稳定向量；PV_n^m 为分区向量，$\text{PV}_n^m[i]$ 为从数据中心 i 中的服务器接收到的最新同步消息/心跳消息的时间戳，其中 $i \neq m$，$\text{PV}_n^m[m]$ 为服务器 P_n^m 写入数据版本的最大时间戳。

(2) 操作。

CCSGPR 协议中包含 6 个基本操作：GET 操作、PUT 操作、数据同步操作、更新共享稳定向量操作、心跳机制操作和迁移操作。

①GET 操作。GET 客户端 c 发起读取数据操作，存储该数据的服务器 P_n^m 响应操作。具体流程为客户端 c 发起 $<$ GET $k,\mathrm{SSV}_c>$ 请求，其中 k 为待读取数据的键，服务器 P_n^m 接收到请求后，使用 SSV_c 更新 SSV_n^m，以确保安装最新快照服务器 P_n^m 选择键 k 的版本链中最新数据的版本，其中，版本是指本地数据中心写入或远程数据中心写入且更新时间戳小于 SSV_n^m 中的时间戳。服务器 P_n^m 把最新 SSV_n^m、键 k 对应版本的值 v、源副本 sr 和键 k 对应版本的更新时间戳 ut 以 GETREPLY 消息格式返回客户端 c。客户端 c 接收 GETREPLY 消息后，通过 maxDV 算法并用更新时间戳 ut 和源副本 sr 更新 DV_c，用 SSV_n^m 更新 SSV_c。

②PUT 操作。客户端 c 发起写数据操作，服务器 P_n^m 响应写操作。具体流程为客户端 c 发起 $<$ PUT$k,v,\mathrm{DV}_c>$ 请求，其中 k 为待写入数据的键，v 为键对应的值，DV_c 为依赖向量，记录客户端 c 的依赖项。服务器 P_n^m 接收写数据请求后，用 DV_c 值更新 SSV_n^m，使用 update clock 算法更新 $\mathrm{PV}_n^m[m]$，保证 PUT 操作满足因果关系。服务器 P_n^m 为数据 k 的版本链中创建的一个新版本，该版本的键为 k，键对应的值为 v，键对应的更新时间戳 ut 为 $\mathrm{PV}_n^m[m]$，键对应的源副本 sr 为该数据中心的 ID。服务器 P_n^m 把最新 SSV_n^m、键 k 对应的更新时间戳 ut 和源副本 sr 以 PUTREPLY 消息格式返回客户端 c。同理，客户端 c 接收 PUTREPLY 消息后，通过 maxDV 算法并用更新时间戳 ut 和源副本 sr 来更新 DV_c，用 SSV_n^m 更新 SSV_c。

③数据同步操作。分布式存储系统是由不同节点(数据中心)互相协同，为用户提供存储、查询服务的平台，所以服务器 P_n^i 完成 PUT 操作后，其他数据中心要同步最新数据，即本地数据中心 i 写入新数据后，需向 N_i 集合中的数据中心发送同步数据信息。服务器间的数据同步如图 5.10 所示。由图 5.10 可知，数据中心 i 中的服务器 P_n^i 发送 Replicate 消息到其他数据中心，N_i 集合中的数据中心接收 Replicate 消

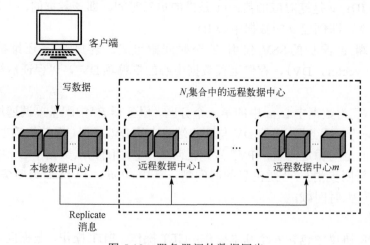

图 5.10　服务器间的数据同步

息后，服务器 P_n^m 将数据的新版本增加到该数据的版本链中，更新其 PV 中服务器 P_n^i 对应的条目，即设置 $PV_n^m[i]=ut$，完成服务器间的数据同步。

④更新共享稳定向量操作。一个数据中心内的服务器定期更新全局共享稳定向量 SSV，规定每过时间间隔 θ（θ 的数值在仿真实验中设置），服务器之间彼此共享其分区向量 PV，并计算所有服务器的分区向量 PV 中的最小值，将其作为 SSV，从而确保该数据中心数据稳定界限内的数据在所有服务器内可读。

⑤心跳机制操作。若数据中心 m 中的服务器 P_n^m 未接收客户端 c 的更新数据请求，则不会向 N_i 集合中的数据中心发送 Replicate 消息，其分区向量 PV 和全局共享稳定向量 SSV 对应的值不能完成更新，从而后续操作无法满足因果一致性。为了避免这种情况发生，规定若数据中心 m 中的服务器 P_n^m 在超过 Δt 的时间内（Δt 的数值在仿真实验中设置）未接收客户端 c 的更新数据请求，则将 $PV_n^m[m]$ 时间戳广播到 N_m 集合中的其他远程数据中心，远程数据中心的服务器 P_n^i 接收广播消息后，设置 $PV_n^i[m]=PV_n^m[m]$。

⑥迁移操作。客户端 c 发起读取数据操作，数据中心 m 作为响应客户端 c 操作的本地数据中心，若数据中心 m 存储的数据子集不包含待读取的数据，则根据共享图表示的数据中心之间的邻接关系，向集合 P_m 中其他数据中心发送迁移操作，完成读取数据操作。其具体流程为数据中心 m 的服务器 P_n^m 向 P_m 集合中的数据中心发送迁移操作请求，包括数据中心的 ID 和 SSV_n^m；数据中心 i 中的服务器 P_n^i 响应迁移操作请求，更新其共享稳定向量，完成迁移操作。

2. 性能分析

1）实验环境设置

CCSGPR 模型使用 Java 实现，采用 Berkeley DB 进行键值数据的存储和检索。Berkeley DB 数据库是以键值对（key-value，K-V）为结构的嵌入式数据库，既提供关系型数据库中的完整 ACID（atomicity, consistency, isolation, durability）事务语义支持，也提供 NoSQL 中简单的数据库编程接口。为了验证本节所用方法的有效性，在数据一致性 HBU-Cluster 平台上实现分布式键值存储仿真实验。数据一致性 HBU-Cluster 平台是项目组为因果一致性测试设计的仿真平台，该平台为分布式键值存储管理框架，使用 Google 的 Protocol Buffer 将数据因果一致性协议结构化，集成 Yahoo 的 YCSB 基准测试模块并将其作为性能测试工具。仿真实验是基于 Windows 10（64 位）操作系统，配置为 Intel Core i5-4590（3.3GHz CPU）、16GB RAM 和 256GB 固态磁盘存储的本地环境开发和测试的。

根据现有模型的性能测试，仿真实验采取传统的测试方法从模型吞吐量、操作延迟时间、远程更新可见延迟三方面进行定性对比。

根据实际基于因特网的应用设置，在仿真实验中设置默认参数如下：数据中心数目为 4，分区数目为 6，读写比例为 3∶1。客户端依据 uniform 记录选择策略来访问分区数据，服务器之间采取网络时钟协议(network time protocol，NTP)同步方法，每次实验前都同步物理时钟。CCSGPR 模型中的混合逻辑时间戳使用 64 位编码，其中 48 位设置为物理部分，16 位设置为逻辑部分，通过这些设置，混合时间戳可以编码多达 216 个逻辑事件，可以跟踪到微秒的物理时间，有效地避免了当逻辑部分已经达到最大值，但又必须增加其逻辑部分以保证因果一致性时，导致分区发生阻塞等待的情况。规定分区之间每 5ms 交换分区向量 PV，若分区在 1ms 内未接收更新数据操作和同步数据操作，则该分区接收心跳信息。

2)实验结果分析

(1)吞吐量。

吞吐量是单位时间内模型更新键值的总量，是衡量模型性能的一项重要指标。本节实验分别采取增加数据中心和分区数目的传统实验方式评估模型的吞吐量性能。

首先，分析数据中心数目对模型吞吐量的影响，控制分区变量，设置每个数据中心的分区数为 6，客户端向本地数据中心发送读写请求，数据中心之间定期同步。图 5.11 描述了数据中心数目从 2 到 12 对应吞吐量的变化情况，随着数据中心数目的增加，CCSGPR 模型的吞吐量变化较小。其原因是 CCSGPR 模型基于部分地理复制策略，仅模型中的部分数据中心之间同步，模型的吞吐量变化不大。CCSGPR 模型的全局稳定策略中使用混合逻辑时钟避免了操作延迟，实现了更高的吞吐量。

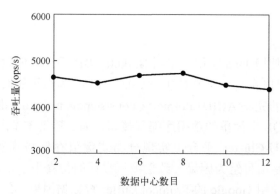

图 5.11　不同数据中心数目的吞吐量

其次，分析分区数目对模型吞吐量的影响，控制数据中心数目变量，设置数据中心数目为 4，改变数据中心的分区数量。图 5.12 描述了不同分区数目的吞吐量的变化情况，随着分区数目的增加，模型的吞吐量呈上升趋势。CCSGPR 模型利用共享图表示数据中心之间的邻接关系，其分区向量 PV 仅存储具有邻接关系的部分数据中心元数据，元数据通过同步消息传播，降低了元数据开销，实现了吞吐量的提升。

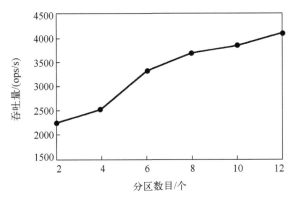

图 5.12　不同分区数目的吞吐量

(2) 操作响应时间。

根据传统测试操作响应时间的实验方式，此节实验包含两部分测量模型中的操作响应时间，第一部分分区之间不设置时钟偏差，通过改变数据中心分区数目的方式观察模型中操作响应时间的变化情况；第二部分在一台物理设备上部署两个虚拟服务器，以循环方式发送 2000 个操作请求，人为控制服务器之间的时钟偏差值，准确地分析服务器之间的时钟偏差对操作响应时间的影响。

图 5.13 描述了模型中操作响应时间随分区数目的变化情况，图 5.14 描述了模型中操作响应时间随分区之间的时钟偏差值的变化情况。CCSGPR 模型的全局稳定策略使用混合逻辑时钟，当分区之间存在时钟偏差时，可为操作提供符合因果依赖关系的时间戳，有效地避免了操作延迟。并且 CCSGPR 模型的分区向量中仅同步共享图 N_i 集合中的数据中心所对应分区的元数据，受分区总数目变化影响较小，其共享稳定向量规定选取远程数据中心中时间戳的最小值，划定数据可读的下限，因此拥有较低的操作响应时间。

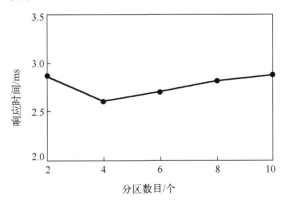

图 5.13　不同分区数目的操作响应时间

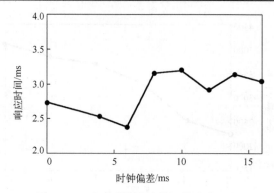

图 5.14　不同时钟偏差的操作响应时间

(3)更新可见性延迟。

远程更新可见性延迟指的是本地数据中心写入的数据同步到远程数据中心的时间间隔，在衡量模型性能中也占据着重要地位，即使几毫秒的延迟，可能因为读取过时数据而造成异常。

远程更新可见性延迟是由服务器接收的最小时钟值决定的，首先通过人为控制服务器之间的时钟偏差值的方式，分析时钟偏差对远程更新可见性延迟的影响。其次服务器之间不设置时钟偏差，增加模型中数据中心数目，观察远程更新可见性延迟的变化情况。

图 5.15 描述了远程更新可见性延迟随时钟偏差值的变化情况；图 5.16 描述了远程更新可见性延迟随数据中心数目的变化情况。结果表明远程更新可见性延迟受服务器之间的时钟偏差影响，随时钟偏差值的增加而增长，其节点接收心跳值的数量随数据中心数目的增加而增加，远程更新可见性延迟也会增加。由于 CCSGPR 模型基于部分地理复制策略，远程更新仅在部分数据中心之间同步，降低了远程更新可见性延迟。CCSGPR 模型中使用共享稳定向量 SSV，向量中仅包括本地数据中心的时间戳 t_1 和远程数据中心的时间戳 t_2，模型的远程更新可见性延迟取决于本地数据

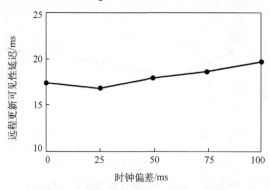

图 5.15　不同时钟偏差的远程更新可见性延迟

中心 i 与共享图 N_i 集合中数据中心同步的时间。由于 CCSGPR 模型对于共享稳定向量 SSV 中远程数据中心时间戳 t_2 使用的是选取最小值原则，随着数据中心数目的增大，CCSGPR 模型的远程更新可见性延迟较低。

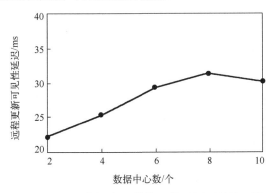

图 5.16　不同数据中心数的远程更新可见性延迟

3. 未来展望

　　本节提出了基于共享图和部分地理复制策略的分布式存储因果一致性模型 CCSGPR，该模型以部分地理复制策略为前提，利用共享图表示数据中心间的邻接关系。此外，利用混合逻辑时钟标记符合因果关系的时间戳，共享稳定向量选取接收远程心跳时间戳的最小值作为可读数据下限，以降低操作延迟。通过数据一致性平台对 CCSGPR 模型进行吞吐量、操作响应时间和远程更新可见性延迟验证，在降低操作响应时间的同时，权衡了远程更新可见性能和元数据开销。但 CCSGPR 模型未考虑敏感数据恶意篡改等安全问题，实现可信约束下的分布式存储因果一致性模型是未来要做的工作。

5.4　面向数据中心安全的一致性协议

　　随着用户数据的爆炸性增长，分布式云存储得到广泛普及与应用，与此同时，云环境中涌现出的安全问题已经逐渐威胁到云存储的进一步发展[18]。分布式系统在安全方面天生处于弱势，因为其环境是开放式的，数据量和用户量众多，很难保障用户数据的机密性、完整性和可用性。服务的高可用性是用户最为关心的，为了提高系统的容灾能力，应对节点失败的情况，云服务平台往往会创建冗余资源。但同时，冗余数据使用户数据的受攻击面不断增长，势必会带来一定的安全风险。

　　平台为了保障用户数据安全可用，需要为数据存储和读取过程提供一定的安全保障[19]，这势必会对系统性能造成一定影响。数据完整性避免了数据被未经授权的用户访问，从而对数据进行篡改或其他非法操作[20]。身份认证能为用户和云服务提供商的身份真实性提供保证[21]，所以要在用户连接、访问和使用数据的过程中对用户的身份进行验证与确认[22]。现有的可信云平台节点管理、可信云平台节点可信认证等研究方案中也鲜有支持数据一致性的相关方案。Roohitavaf 和 Kulkarnt[23]提出了一种动态的节点管理模型 DKVF，并且集成了性能测试与底层数据存储接口，但并未考虑分布式存储环境中的安全风险，不能提供安全约束下的节点管理方案。

5.4.1　具有可信约束的因果一致性模型

在大数据时代，对计算分析的需求随着数据量的增加而增加，从而会造成可靠性和可扩展性问题。用户可能会存储海量的历史数据，同时数据规模有持续增长的趋势。数据一致性是大数据副本存取的一个基础问题，云服务商一般将数据中心分别部署在不同的地方，从而形成多个副本，为用户提供可扩展的分析、存储等服务。多个副本存储节点通过网络互连对外提供一个整体的访问服务。将这些副本合理地分布至位于不同地点的多个云数据中心内，当某个副本内的信息发生更新后，及时地向处于其他云节点的副本同步，定期地维持系统中所有数据副本之间的一致性。如果数据一致性不能满足应用需求，可能会给系统带来难以预料的后果。

因果一致性是目前关注度较高的一种数据一致性，它能在保障用户操作满足因果序的情况下为整个分布式系统提供数据一致性服务。当前国内外学者虽然以不同的方式研究了大数据处理中的数据因果一致性问题，但大多集中在服务端与客户端的协议设计、元数据的定义与识别等方面，而对真实云平台环境中数据一致性面对的安全威胁等问题疏于考虑。

1.　系统模型

为了准确并高效地在实际云存储环境中进行身份认证、一致性元数据的完整性校验，保证数据因果一致性，本节在混合逻辑时钟和哈希图(Hashgraph)的基础上，结合现有的可信云平台相关成果，提出了具有可信约束的因果一致性模型(CCT)。

CCT 模型结合了可信云平台中的可信认证机制，不仅对节点与客户端的可信身份签名 TS 进行验证，而且将节点可信证据的收集、管理与数据因果一致性协议相结合，为用户一致性元数据的安全存储与操作提供了保障。图 5.17 为 CCT 模型的实体流程。

CCT 协议借鉴 Hashgraph 共识机制，将用户每次的存、取操作均看作一次事件，每次处理用户的存、取请求之后都基于可信机制为该操作数据和依赖集分配一个数据可信证据(trusted proof of data series，TPS)，作为事件历史的签名信息。分布式存储副本在处理完用户请求或在固定时间间隔内未处理任何请求的情况下，均随机与其连接的其他副本同步最新状态，最后各副本虽然未聚合在一起进行投票，但都快速地达成了最新状态的共识。

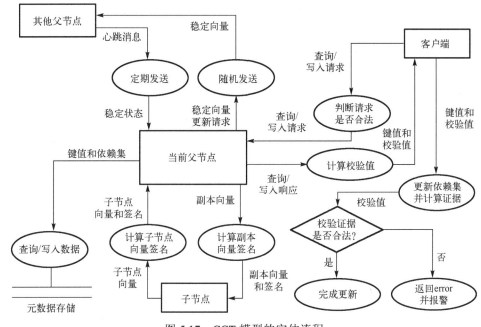

图 5.17　CCT 模型的实体流程

CCT 协议中对因果一致性操作提供的可信机制不仅包括客户端及服务端的身份认证，还包括数据因果一致性元数据的完整性验证，即服务端处理 PUT、GET 请求后，生成元数据和依赖集的可信证据，并发送到客户端，以验证操作和结果的完整性与可信性。

2. CCT 模型的可信验证机制

1) 客户端中的可信机制

客户端首次运行时先对自身运行环境、可信存储空间做出认证，结合可信云平台中的可信签名机制，分配身份签名 TS_C，作为服务端处理请求的依据。当客户端中存在不安全因素使可信存储空间或运行环境存在风险时，可信认证失败，用户可以依据错误信息对客户端进行检查。

在 GET 过程中，若客户端分配可信签名成功，则用户将客户端可信签名 TS_C 与查询请求一起向服务端发送。查询请求中还包含了客户端数据稳定向量 DSV_C，用来与节点同步最新状态。客户端收到服务端返回的响应消息之后，先对服务端签名 TS_S 进行验证。验证通过后，根据接受的服务端部分数据稳定向量(part data stable vector，PDSV)更新自身依赖关系集 DS_C。然后根据更新之后的依赖关系集计算数据可信证据，并与收到的服务端数据 TPS 进行验证。若验证成功，则说明当前操作来源为已连接且认证为可信的服务节点，且基于可信认证机制验证的数据满足可信约束下的完整性、数据因果一致性；否则返回错误信息，由客户端排查错误并重新发起申请。

客户端中的 PUT 过程与 GET 过程相似，客户端将自身可信身份签名 TS_C 封装进 PUT 请求消息并发送给服务端。客户端在收到服务端响应后同样首先结合 TPM 2.0 可信认证机制校验服务端的身份签名 TS_S，然后根据响应消息中为数据条目 $<i,h>$ 分配的存储位置 m 及时间戳 ut 更新本地依赖关系集。最后计算依赖关系集的数据可信证据，与服务端发来的数据 TPS 进行校验，若校验失败，则返回错误信息并且驳回该请求，进行重新认证与发送。

2) 服务端中的可信机制

服务端操作一般处理过程包含 GET、PUT 这两个操作。处理 GET 操作时，首先生成 TS_S。在处理客户端 GET 请求之前，集群对客户端可信签名 TS_C 进行校验，若身份认证通过，则依据客户端稳定状态 DSV_C 更新副本的 DSV。其次根据该查询请求在安全存储中检索对应键的最新值并更新依赖关系集 DS。再次计算 K-V 条目和依赖关系集的数据 TPS。最后将查询到的值 v、依赖关系集 DS、服务端部分数据稳定向量 PDSV、服务端可信签名 TS_S 及数据可信证据 TPS 打包成响应消息发送到客户端。因为客户端与服务端运行环境中的可信约束是基于可信云联盟技术的，所以无论是客户端还是服务端，均可对收到的可信身份签名、数据可信证据进行校验。

处理 PUT 操作时，先生成 TS_S 并对 TS_C 进行验证，不仅能保障身份可信，还能对客户端请求写入数据进行安全认证。若客户端身份满足可信约束，则为该请求创建存储空间，分配键值链空间，并更新本地稳定状态和依赖关系集 DS。最后计算数据 TPS 并将响应消息发送到客户端，其中内容包括时间戳 ut、分配的存储空间 m、依赖集数据可信证据 TPS 和服务端身份可信签名 TS_S。此外，服务端处理完客户端的 PUT 请求，还要与其余分区共享当前最近写入状态，即向相邻分区发送复制消息（Replicate d），参照 HLC、Hashgraph 共识机制，由数据中心根分区随机与其余数据中心同步最新状态。

3. 数据同步机制

图 5.18 为 CCT 模型中针对节点间状态进行更新的过程，其满足因果一致性的可信约束体现在两方面。一方面基于可信云联盟机制为在不同地点下运行中的每个副本设置了 DSV 和 TS_S，其中 DSV 不仅是判断客户端存取请求的时钟状态是否落后于当前副本最新状态的判断依据，还是对副本之间最新状态进行同步的依据。另一方面当副本内部的数据存储分区在处理读写请求时，基于树形拓扑结构与数据中心根分区共享彼此的可信稳定分区向量(PV)，该分量基于副本的稳定状态生成，每

次副本在分布式环境中与其副本同步稳定状态后均将最新条目时间戳和可信副本链扩散到内部分区中，数据分区则以此为依据对自身存储状态进行更新。

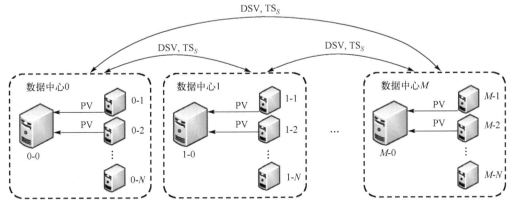

图 5.18　CCT 模型中针对节点间状态进行更新的过程

4. 性能分析

1) 节点不可信情况下的误检率对比

为了模拟不可信环境中木马等非法第三方对因果一致性数据依赖集进行的篡改，本节设置了不同比例的元数据条目修改与验证机制，供 HBU-Cluster 平台对结果进行验证与测试。

图 5.19 结果显示，在低并发情况下由于副本间同步更新间隔相对较长，即心跳间隔较大，造成数据依赖集模拟修改后，后续操作查询结果中存在依赖集验证失败的情况，因此每个篡改比例的验证结果均存在 0.08%～1.09% 的误检率，平均误检率为 0.44%。图 5.20 对实际存储环境中普遍存在的高并发情况进行了模拟。结果显示，相比于在低并发环境中，CCT 模型在高并发环境下有更好的性能表现，全部

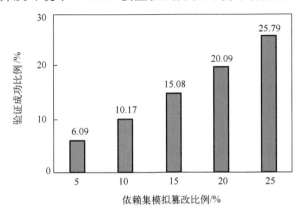

图 5.19　低并发环境下依赖集模拟篡改后可信验证的结果

验证出了不可信副本对一致性元数据的篡改，而误检率降低到了 0.01%～0.32%。平均误检率为 0.094%，说明本节中 CCT 模型在服务端设计可信约束的方案具有可行性。

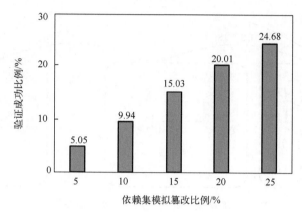

图 5.20　高并发环境下依赖集模拟篡改后可信验证的结果

根据实验结果，在不可信节点对数据依赖集进行篡改后，5 个不同比例均全部验证了对应比例的数据风险。针对实际云环境中数据篡改的风险，CCT 模型针对 25%以下的数据篡改风险只返回风险信息，超过该阈值后则拒绝提供一致性数据存取服务。

2) 客户端身份重新验证的情况

CCT 模型基于可信云联盟技术为因果一致性服务提供了身份签名和数据可信认证机制，但数据一致性存储模型是针对客户端请求提供服务的，不仅在服务端中提供了安全保障，对于客户端中的身份签名伪造、运行环境风险也提出了安全约束。实验基于 HBU-Cluster 平台在本地可信云服务器中进行测试，并通过集群对客户端伪造签名重新验证的结果进行统计和分析。

经实验验证 CCT 模型可以识别客户端身份签名伪造风险，但通信环境的复杂性与可信云联盟技术对可信证据的验证性能缺陷，造成模型中依然存在一定的误检率。图 5.21 为客户端以循环方式向服务端发送 PUT、GET 请求并验证签名、统计的结果，在为低数量级客户端提供因果一致性数据存取服务时，CCT 模型有着较好的表现，其平均误检率为 0.015%。图 5.22 将客户端数量增加了 5 倍，在同样条件下进行测试的结果略差于图 5.21 中的结果，其平均误检测率为 0.05%。图 5.23 为模拟实际环境中较高客户端请求的情况，在其余条件不变的情况下将客户端规模设为 200 个，对身份篡改的验证比例进行统计，平均误检率为 0.155%。

实验结果证明了与传统的数据一致性方案相比，CCT 模型提出的可信约束能对客户端中身份签名伪造、非法第三方等安全风险进行识别并验证，同时证明 CCT 模型在客户端提出可信约束的方案是可行的。虽然局限于现有实际通信环境的复杂性和可信云平台技术的性能瓶颈,仿真实验结果存在一定的误检率,但随着客户端连接数、处理用户请求的并发量的提高,CCT 模型平均误检测率的递增趋势是比较稳定的。

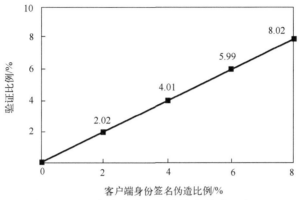

图 5.21　5 个客户端下客户端身份验证表现

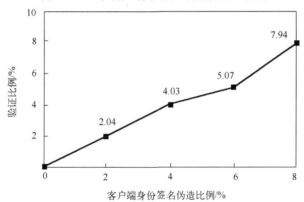

图 5.22　30 个客户端下客户端身份验证表现

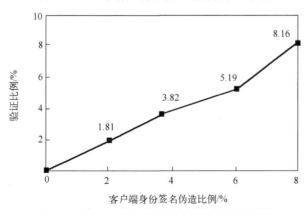

图 5.23　200 个客户端下客户端身份验证表现

3）可信约束造成的性能开销

可信云平台在可信芯片 **TPM 2.0** 的基础上提供安全策略管理、数据认证及非对称密钥协商等安全机制，在服务启动、运行过程中均对身份认证、数据加密有着高标准的约束。

下面基于 HBU-Cluster 平台对 CCT 模型中 PUT 延迟和更新可见性延迟进行了分析，其中累积分布函数（cumulative distribution function，CDF）指的是与主控节点通信时延小于当前最大时延阈值的分区比例。

图 5.24 显示 CCT 的更新可见性时延随 CDF 的增加而增加。虽然更新可见性时延逐步增加，但其使用混合逻辑时钟能避免时钟漂移、网络时钟协议（NTP）同步失败带来的安全风险，结合 Hashgraph 共识机制，分区稳定状态在拓扑树中快速形成共识。

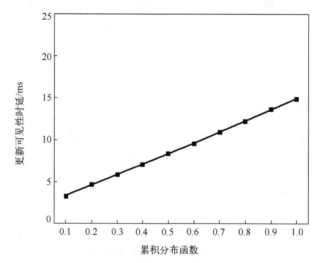

图 5.24　低通信分区间时延阈值为 10ms 时 CCT 模型的性能开销

图 5.25 显示了 CCT 模型在高通信时延环境中的更新可见性时延的变化曲线，还是随着累积分布函数的增加而增长。虽然时延逐步增大，但是在实际的工作环境中这些开销还是微不足道的。

5．未来展望

可信约束下的数据因果一致性模型结合现有的可信云平台成果，搭建了较为完整的模型架构，以较小的系统开销，为数据因果一致性提供了身份验证和数据完整性检验；通过借鉴 Hashgraph 消息传播机制，提高了分区间消息同步效率；使用混合逻辑时钟，避免了时钟漂移等因素对用户事件因果序的判断。目前工作还可以向以下几个方向研究。

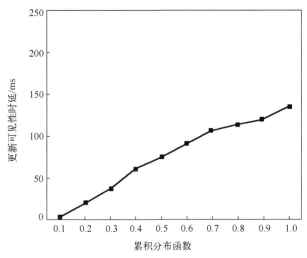

图 5.25　高通信分区间时延阈值为 10ms 时 CCT 模型的性能开销

（1）目前 CCT 方案能在因果一致性模型中对节点进行身份验证并在 PUT 和 GET 操作对数据完整性进行校验，能识别出签名伪造、数据篡改等安全问题。未来可对因果一致性系统中的信息传输过程进行加密，以防止数据传输过程被第三方窃听。

（2）目前基于 Hashgraph 消息传播机制，结合混合逻辑时钟、稳定向量 DSV 对客户端依赖集和服务端依赖集进行更新与同步，未来研究重点可结合其他优秀的共识算法或消息传播机制，进一步降低系统开销，提高可信约束下因果一致性模型的性能。

5.4.2　基于哈希图的数据安全因果一致性模型

为了减少实际环境中时钟漂移、通信时延等因素对分布式数据一致性存储系统的干扰，本节提出一种基于哈希图的数据安全因果一致性模型，该模型在现有成果的基础上，基于混合逻辑时钟优化了分区间同步数据、服务端处理数据的方式，并结合哈希图共识机制提出了数据依赖集安全校验签名的概念，重新设计分区间同步数据的方式，有效地降低了副本间实现因果一致的数据同步共识所耗费的时间。

1.　模型实现的主要内容

本节从降低分布式存储中数据因果一致性约束的性能开销和提升安全性方面考虑，构建一种使用部分稳定向量和依赖集签名的因果一致性模型——CDH 模型。

（1）在客户端读写数据的操作过程中，引入部分稳定向量作为更新依赖集、判别因果依赖性约束的依据，降低客户端与服务端通信过程中的通信开销。

(2) 在服务端处理用户请求过程中, 借鉴哈希图共识机制设计因果一致性约束安全验证机制, 包括设置分区稳定状态、数据依赖集安全验证机制, 分别在客户端和服务端对更新后的因果一致性元数据进行验证, 进而提供安全前提下的因果一致性约束。

(3) 借鉴哈希图共识机制中同步数据的机制, 数据中心之间随机同步本地最新稳定向量与对应的哈希依赖集签名 (Hash of dependency series signature, HDS), 分区之间共享数据中心最新状态, 各个节点、分区将收到的 HDS 与本地更新后计算的最新 HDS 进行验证。数据中心与分区内部均更新状态后, 所有数据中心满足实现因果一致性约束, 而副本间同步数据达成共识所需的时间明显降低。

2. CDH 模型的安全约束

1) 客户端中的数据安全因果一致性约束

云服务商提供数据因果一致性存取服务的最终目的除了在服务端处理数据过程中能够保障元数据之间的因果序, 还包括在客户端提供直观、完整的一致性元数据。CDH 模型除了在副本存取数据过程中对元数据的因果序进行了一致性约束与完整性保障, 在客户发送请求、处理响应消息及更新数据的过程中也设计了因果一致性约束。

将客户端与服务端均维护的一组数据中心 ID 和混合逻辑时钟 (HLC) 的时间戳, 称为依赖关系集, 用 DS 表示。为了明确区分, 用 DS_C 表示客户端依赖关系集。对于每个数据中心 i, DS_C 中包含 1 个数据条目 $<i,h>$, 其中 h 指的是客户端读取到的所有值中最新的时间戳, 而这些值是客户端曾经写入到数据中心 i 的。DS_C 不仅是客户端元数据的组成部分, 也是判别是否为因果一致性约束的依据, 若查询该依赖集对应的键值条目, 则依赖集中数据可供用户对事件的因果序进行溯源。

此外, 客户端还维护一组 DSV_C, 也就是客户端已知的最新 DSV。CDH 模型中规定: 在客户端发送请求时均将 DSV_C 作为客户端状态验证信息, 供服务端作为更新分区状态的依据之一。客户端每次发送请求均使用该状态作为请求主体的部分内容, 并且在收到响应消息后对依赖集进行更新时同步更新该状态, 因此客户端中可处理的响应消息、可查询的数据及发送的请求是否合法均可依据该状态信息来判别, 最后客户端可以提供数据因果一致性约束前提下的数据存取服务。

图 5.26 为客户端操作流程图。客户端收到服务端响应数据后, 在本地对依赖集进行更新, 其中 GET 响应包含服务端查询到的一致性元数据, CDH 模型除了将该数据及其依赖集作为本次操作的直观结果反馈给用户服务, 还将数据与状态分别更新到 DS_C 和 DSV_C 中, 作为发送请求、更新数据的时间状态依据。若是 PUT 响应消息, 消息内容则为写入成功的响应, CDH 模型只需将成功状态反馈给用户服务, 无须显示数据或依赖集。此外, 与 GET 响应类似, CDH 模型将该写入数据也作为客户端数据存取服务判别因果一致性依据, 同步更新到 DS_C 中。

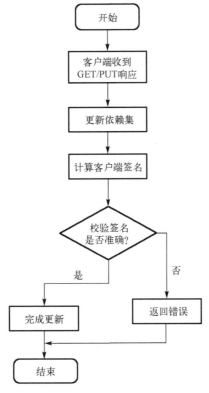

图 5.26　客户端操作流程图

CDH 协议结合哈希图共识机制中的八卦闲聊算法,将每次写入请求当作一个用户的单次事件,该事件除了在服务端进行更新,还与其余副本进行同步,最终达成共识:所有副本均知道当前副本更新了一条数据;查询请求则是借鉴八卦闲聊的数据同步方式从拓扑结构中读取副本更新的数据。CDH 模型在响应消息中除了包含操作的处理结果数据,还附加该消息的摘要值作为消息安全校验签名供客户端进行数据完整性安全校验。

客户端在收到响应消息后,首先更新数据及其依赖集,从而满足因果一致性约束;其次在本地根据更新后的数据计算依赖集安全校验签名,并与收到的服务端签名进行校验,一致则完成此次更新操作,否则返回错误信息并重新请求该操作,这是因为分布式数据存储中存在诸多安全风险,可能会影响部分关键数据的准确性,这在高并发的实际环境中可能会变得更严重,甚至影响整个系统的可用性。

在 GET 操作中,客户端将请求的键与其 DSV_C 一起发送到键 k 所在的服务器。客户端收到响应消息后,首先更新其 DSV,然后通过对 DS 的每个成员调用 updateDS 函数来更新其 DS_C:对于每个 $<i,h>\in DS$,如果当前在 DS_C 中存在条目 $<i,h'>$,那么用 h 和 h' 中的最大值替换 h',否则将 $<i,h>$ 添加到 DS_C 中,最后在客户端生成依赖集的校验值，并与收到的签名进行验证，从而避免信息传输、不安全因素对数据完整性造成的破坏等风险。

对于 PUT 操作，客户端将想要写入的密钥与期望值及其 DS_C 一起发送到服务端，供服务端对客户端状态进行验证并查询数据。作为响应，服务端将分配给此更新的时间戳、数据中心的 ID 与依赖集对应的校验签名 HDS 一起发送到客户端；客户端通过调用 updateDS 函数更新其 DS_C，并计算本地依赖集对应的安全校验签名，与收到 HDS 签名进行验证，一致则完成该写入操作，将写入结果反馈到用户服务。

2) 服务端中的数据安全因果一致性约束

服务端对存储的用户关键元数据进行查询，并更新数据条目的依赖集，最后将响应消息反馈到客户端的过程即为服务端 GET 过程。客户端发送查询请求的目的除了查询键值数据，还包括数据条目的依赖集，用于追踪元数据的因果依赖集。

对于服务端存储的每个数据条目，除了键和值，元数据存储还包括一些额外的状态数据，包括版本创建的 HLC 时间戳 ut，源副本 sr，最终存储该条目的地址，以及类似于客户端中依赖集的一组依赖关系 DS，图 5.27 为服务端处理查询请求的流程图。

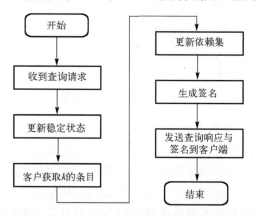

图 5.27　服务端处理查询请求的流程图

CDH 模型在处理用户 GET 请求时，依据请求中的关键字在对应的版本链中进行检索，若查找成功则从分区内取出键值条目元数据及其依赖集；若该关键字为远程副本存储的条目，则根据版本链中获取的信息从远程副本检索该数据。

在收到 GET 请求后，服务器首先使用从客户端收到的 DSV_C 值更新其 DSV。在更新 DSV 之后，服务器查找请求的键对应本地数据中心的最新值，或者该键在数据中心可见的所有依赖关系并检索远程副本。为了检查准确性，服务器将该键的 DS 与其 DSV 进行比较。

若要查找最新值，服务器将使用冲突解决函数 last-writer-wins 解决数据中心之间数据写入冲突问题。找到最新值后，参照哈希图中事件之间八卦闲聊的消息格式，服务器将该值、该值的依赖关系列表、部分稳定向量(PDSV)写入查询响应消息中,然后在本地更新依赖集,同时计算安全校验签名,向客户端发送该响应消息和签名,供客户端对数据的因果数据依赖集进行追踪并校验完整性。

GET 操作可以看作对哈希图用户组中事件历史及交易信息的一次获取,分布式系统中不同副本为用户写入数据时可能存在高并发情况,甚至多个用户同一时间请求多个写入和查询操作,使用混合逻辑时钟(HLC)可以解决这种时钟信息矛盾,GET 到的元数据若在客户端判别物理时钟相同,则可以视为并发事件并追踪逻辑时钟关系,通过使用混合逻辑时钟降低了传统模型对时钟信息紧密同步导致的性能开销较高的缺点,因此 CDH 模型在复杂或高并发环境中仍能有比较不错的表现。

服务端中 PUT 操作则与 GET 操作不同,写入操作则可以看作用户组中发生的一次交易事件,哈希图共识机制可以在用户网络中以指数级速率更新事件及其历史,CDH 模型借鉴其同步方式与消息格式,提升了写入与查询的效率。服务端对写入操作的处理,首先根据用户写入请求中的依赖集更新本地数据条目链的依赖集和时钟信息,因为客户端可以提供最新时间戳信息,并且其写入的依赖集数据是接下来要更新副本数据的唯一参照。其次,为该写入请求分配存储空间,并按照副本存储元数据的格式将新的数据写入该空间,为方便副本查找数据,还要将数据条目的索引信息插入版本链中,具体流程如图 5.28 所示。

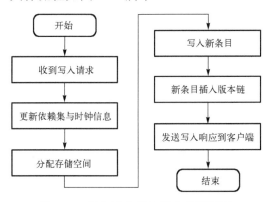

图 5.28　服务端中写入操作的流程图

CDH 模型中,借鉴哈希图共识机制,将写入请求比作用户组中发生一次交易事件,而写入操作的结果则是该次事件的交易信息,当前副本除了在满足数据因果一致性的前提下存储元数据,还要在拓扑网络中对该次事件及其数据进行八卦闲聊,从而所有副本均能更新该次事件,具体实现方式为服务端处理完客户端的写入请求后,随机向相邻的其余副本发送复制消息,对最新写入的数据条目进行同步;若完成写入数据的处理,则向客户端发送写入成功的响应信息,最后与其余副本、分区共享该更新信息。

当服务器 VV_n^m 收到 PUT 请求时，就更新条目向量 $VV_n^m[m]$ 以记录新收到的时钟信息，然后服务器 VV_n^m 为客户端指定的键创建一个新条目，并使用当前 $VV_n^m[m]$ 的值作为其时间戳。服务器通过写入成功响应消息将指定的时间戳 $d.ut$、数据中心 ID 和 HDS 发送至客户端。

与 GentleRain 相比，CDH 的明显优点是不会阻塞 PUT 操作，若请求中物理时钟信息与当前副本的时钟信息冲突，则可以根据其逻辑时钟分量解决时钟冲突，从而降低 PUT 操作等待时间。CDH 能在提供安全性保障与数据因果一致性约束的前提下，明显地降低存取服务的 PUT 等待延迟，因此，CDH 在时钟漂移情况较为严重的环境中仍有较为优秀的表现。

3. 副本间的数据同步

分布式存储系统不是某一台物理机或者服务器，而是由不同地理位置的节点协同为用户提供计算、存储服务的平台，所以服务器在收到用户写入的数据后要在系统中分配存储空间，各个数据中心也要同步最新数据。

CDH 模型中各数据中心间的同步如图 5.29 所示，分布式存储副本之间在有写入数据的事件发生时，遵循哈希图共识机制和八卦闲聊原理，彼此随机更新复制消息，即同步某个节点发生了新的事件，新写入的数据条目存储的位置、时间和内容。

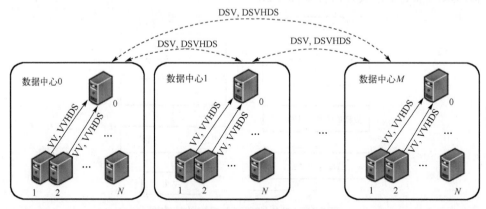

图 5.29　CDH 模型中各数据中心间的同步

若一段时间内没有复制消息，则按照服务商提供的服务质量要求在一定的间隔定时随机地向相邻副本发送心跳消息，并且副本内各分区将本地已写入的最新消息与其父节点同步，附加 HDS 并将其作为签名。

借鉴哈希图共识机制中虚拟投票算法，各副本在本地更新数据和状态，并未依赖极低网络延迟的通信对每个副本中数据进行整体同步校验，即可完成虚拟投票达成共识，而且系统中的 DSV 消息和复制消息及其签名都是随机发送到其他节点的，最近的更新数据在系统中呈指数级扩散，所以完成虚拟投票的速度得到了极大提升。

1) 心跳机制更新数据和状态

云服务商一般根据不同用户的存储要求对分布式存储环境中数据副本的规模进行配置与扩展，而不同位置的用户又会有不同的存储要求，这样不同节点间同步状态、更新数据就是一个较复杂的情况。心跳机制即为不同节点间按照固定的时间间隔，发送本地状态信息或数据，同时接收其他副本发送的消息对本地信息进行更新，数据一致性相关研究中严格一致性的相关方向就是依靠紧密更新的副本状态，为所有地点副本连接的用户都提供了立即更新可见的数据。但严格一致性几乎存在于理想环境中，而且有着极高的性能要求。

CDH 模型中采用心跳机制对副本状态和数据进行更新，而心跳间隔可以根据云服务商或用户不同的需求进行配置，若用户对数据的及时更新要求较高，则心跳间隔可以设置为极短的时间；若只对因果依赖性最终可见有要求，则 CDH 模型可在保证因果一致性的前提下，降低通信成本。心跳机制的具体流程如图 5.30 所示。

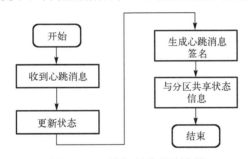

图 5.30　心跳机制的具体流程

发送心跳消息的目的是更新其他数据中心的分区中相对等的消息，如果数据中心在时间段 θ（心跳机制的时间间隔）内未发送任何复制消息，数据中心就会向其他节点发送心跳消息。

DSV 是一个多维向量，包括当前数据中心的时钟信息及其存储的所有数据条目，标记当前存储副本的最新稳定状态。CDH 模型在混合逻辑时钟的基础之上，结合数据中心稳定向量，提出了稳定向量校验签名 DSVHDS 和分区校验签名 VVHDS 的概念，数据中心之间根据配置信息中的心跳间隔定时发送时钟信息与 DSV 及其签名 DSVHDS，在为用户提供数据因果一致性存取服务的同时保障时钟信息与状态信息的安全性，从而避免分布式存储系统中出现单节点故障、慢副本[24]的风险：若单个节点无法通信，其连接的其余副本也可能出现无法同步数据的风险。DSV 的使用不仅降低了更新可见性延迟，还允许多个客户端在存在一些慢副本的情况下快速工作。

VV 消息为数据副本内部分区之间更新状态的内容，数据副本对心跳消息进行同步后，除了与相邻副本进行同样机制的心跳更新，还在副本内部的分区间更新状态。与数据中心稳定向量类似，VV 消息是数据中心更新 DSV 的依据之一，因为副本处理用户请求后，进行存取操作的时间都会晚于收到请求的时间。分区作为副本的子节点，若有最新操作时间在副本中发生，则计算 DSV 最新值并将其作为所有副本状态信息 VV，同时计算检验签名与其他副本进行同步。

数据中心内的分区会定期更新其 DSV 值。具体而言，每经过时间间隔 θ，分区彼此共享其 VV，并计算 DSV 作为所有 VV 条目中的最新值。首先，基于哈希图原理，每个父节点在接收到其他子节点的 VV 及其 VVHDS 签名时，计算 VV 的条目最小值并将结果和自身签名发送到其他子节点。其次父节点计算最终的 DSV 和签名，并将两者封装为 DSV 消息，随机发送给其他对等节点，从而将 DSV 推回到拓扑树中。最后，每个节点在从其他对等节点接收到 DSV 时，更新其 DSV 并验证签名。

2) 复制消息更新与校验

CDH 模型中除了定时对副本间状态和时钟进行更新，还借鉴哈希图共识机制，将数据的新条目随机发送到其他数据中心。

复制消息的更新过程类似于心跳消息，服务器 p_n^m 收到来自服务器 p_n^k 的条目 d 复制消息后，就把新条目添加到本地包含键 $d.k$ 的条目链中，并将消息中的状态信息作为副本中更新 DSV 的依据之一。与八卦闲聊算法中更新方法类似，每条复制消息都包含该数据条目依赖集的安全校验签名 HDS。

副本在根据复制消息同步完本地数据之后，计算该消息对应的依赖集校验值，并与收到的安全校验签名进行对比，保障数据副本间数据通信的完整性，同时可为每个副本中维护的条目链信息提供溯源信息，因此当前副本可对远程副本中的数据进行快速检索。

哈希图共识机制中用户组间进行八卦闲聊的最终目的是完成虚拟投票，即所有副本都完整维护社区中所有用户发生过的事件，保证在每条记录都可溯源的前提下提供完整校验签名，具有不可抵赖性。CDH 模型中每个副本在本地对复制消息进行处理后随机与相邻副本更新该复制消息，若该状态在相邻副本已更新过，则可以忽略该请求，最新写入的共识状态可以在分布式拓扑结构中呈指数级迅速传播。

4. 实验评估和性能分析

下面分别从存在时钟漂移时系统的表现情况、存在查询放大情况时系统的吞吐性能表现情况、存在通信延时情况时系统的更新可见性延迟变化及安全约束的准确率等方面对 CDH 模型进行了分析。通过将 PUT 延迟、更新可见性延迟、吞吐量及误检率分别作为评估模型性能表现的指标，同时采用图表的方式直观地反映出方案在不同环境中的表现。

1) 时钟漂移对写入等待时间的影响

为了准确地研究时钟漂移(clock skew)对响应时间的影响,服务器之间必须有精确控制的时钟漂移。客户端以循环方式向服务器发送写入(PUT)请求,并且不断地改变时钟漂移量,对 PUT 操作平均响应时间进行统计。

图 5.31 显示,随着时钟漂移的增大,CDH 中的 PUT 响应时间几乎不会发生改变。可见 CDH 模型较适合应用于存在时钟漂移的分布式存储环境中。

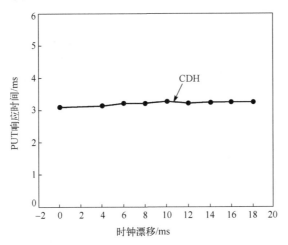

图 5.31　时钟漂移对 PUT 响应时间的影响

图 5.32 的结果显示了在不引入任何人为设置的时钟偏差,运行 NTP 来同步物理时钟的情况下,PUT 响应时间的变化情况。这模拟了理想情况时的条件,当数据中心数目增加时,PUT 响应延迟也会增加,但是性能开销的影响可以忽略不计。因为 CDH 借鉴哈希图机制,完成虚拟投票所需的时间极短,尤其是当系统中只有 50~100 个节点时,耗费时间可以忽略不计。

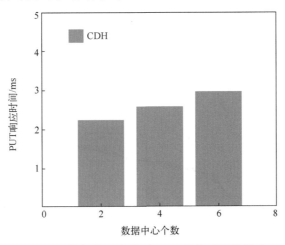

图 5.32　数据中心个数对 PUT 响应时间的影响

2) 理想情况下查询放大对响应时间的影响

实际环境中单个查询造成多次内部查询的情况被定义为查询放大，查询放大会给数据存取服务带来较为明显的性能开销，尤其在多用户环境、高并发时间段内，而且此时若副本之间同步的时钟信息出现极小的偏差，则会给整个存取服务造成极大的负面影响，甚至影响可用性，因此研究 CDH 在不同时钟同步情况下，查询放大对方案操作延迟的影响是非常有必要的。

实验将放大因子(amplification factor)定义为单个请求生成的内部查询的数量。

图 5.33～图 5.36 显示了当数据中心之间存在时钟漂移时，请求响应时间受查询放大情况的影响程度：查询放大情况越严重，请求响应时间越明显，因为每个最终

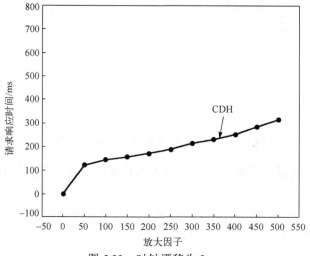

图 5.33　时钟漂移为 2ms

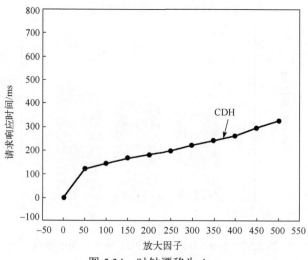

图 5.34　时钟漂移为 4ms

请求都包含了几百个甚至更多的内部查询。CDH 基于混合逻辑时钟,避免了时钟漂移增加对请求响应时间的影响。

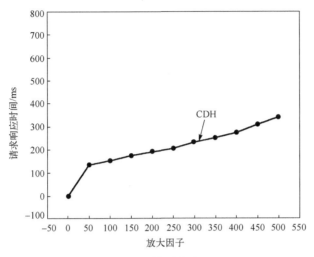

图 5.35 时钟漂移为 6ms

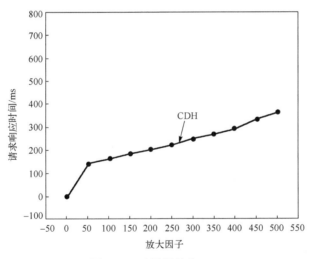

图 5.36 时钟漂移为 8ms

由图 5.33~图 5.36 的结果说明,CDH 模型在查询放大、时钟漂移较为严重的环境中,通过简化查询内容、结合哈希图共识机制优化同步、设计完整性约束来保证数据因果一致性是可行的。

3) 真实环境下的查询放大对响应时间的影响

真实分布式存储环境中理想情况几乎是不存在的,图 5.37 显示了单纯的查询放大对数据因果一致性存取服务的影响。图 5.37 是不存在人工时钟偏差并且服务器使用 NTP 协议同步时，查询放大对请求响应时间的影响趋势。结果显示了查询放大对请求响应时间造成影响的规律：单个用户请求造成的内部查询数量越多，服务器请求响应时间就越长。

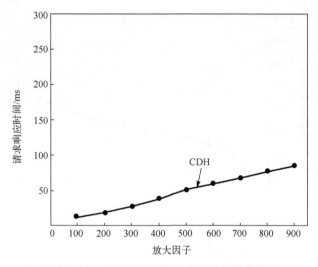

图 5.37　查询放大对请求响应时间的影响

　　吞吐量是客户端在单位时间内更新键值对的数目，即客户端更新键值的速度。图 5.38 的结果显示了 CDH 在查询放大因子递增时，客户端请求吞吐量呈递减趋势，因为单个请求造成在服务端查询放大的情况越明显，客户端更新的速度就会越慢，吞吐量越低。

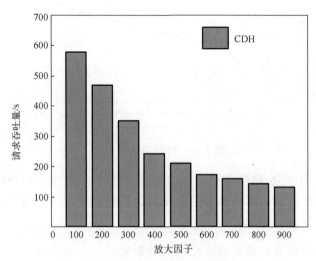

图 5.38　查询放大对请求吞吐量的影响

4) 通信时延对更新可见性延迟的影响

更新可见性延迟是评价分布式数据存储的另一项重要指标，指的是客户端请求的更新在远程副本中可见之前的延迟时间。其单位一般在 ms 级别，即使短短几毫秒，对许多服务提供商来说也十分重要，因为一个提供商可能为上万个终端用户提供并发服务，许多用户的更新可见性延迟累积在一起，就会给服务器带来非常大的负载。由于在不同地理位置的数据中心之间必然存在一定的时钟漂移，实验所得结果是实际更新可见性延迟的一个接近值。

图 5.39 显示了 CDH 的数据副本在不同地理位置时，更新可见性延迟的变化情况。结果显示随着数据副本距离的增加更新可见性延迟增加，因为 CDH 使用混合逻辑时钟，并且借鉴哈希图共识机制中八卦闲聊机制随机与相邻副本更新，有效地减少了副本间达成共识所需的时间，所以结果变化不是很大。

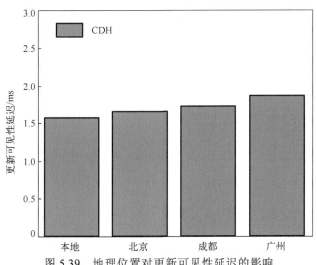

图 5.39　地理位置对更新可见性延迟的影响

5) 安全校验签名的误检率分析

CDH 模型中在服务端对存储节点的存储状态和数据同步机制进行了安全约束与优化。为了模拟不可信环境中的风险，如木马等非法第三方对因果一致性数据依赖集进行篡改，实验在各节点设置了不同比例的元数据条目修改与验证机制，供 HBU-Cluster 平台对结果进行验证与测试。

图 5.40 结果显示，在不可信节点对数据依赖集进行篡改后，5 个不同比例均全部验证出了对应比例的数据风险。低并发情况下由于副本间同步更新间隔相对较长，即心跳机制间隔较大，造成数据依赖集模拟修改后，后续操作查询结果中存在依赖集验证失败的情况，因此每个篡改比例的验证结果均存在 0.08%～0.80% 的误检率，平均误检率为 0.26%。

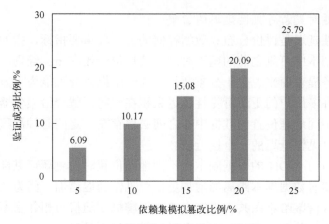

图 5.40　低并发环境中的验证结果

图 5.41 的结果显示，与低并发环境中相比，CDH 模型在高并发条件下显然有更好的性能表现，全部验证了不可信副本对一致性元数据的篡改，而误检率降低了 0.01%~0.40%，平均误检率为 0.094%，说明 CDH 模型在高并发环境下服务端设计的可信约束条件具有可行性。

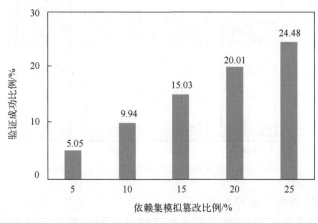

图 5.41　高并发环境中的验证结果

5. 未来展望

CDH 模型的提出在一定程度上降低了大数据存储中写入延迟、响应延迟等时间开销，同时利用哈希图共识机制保障了分布式数据存储的安全性，但是目前工作着重于提升大数据因果一致性存储的性能表现，除此之外因果一致性研究还有以下研究空间。

(1)依靠结合物理时钟与逻辑时钟的混合逻辑时钟来分辨因果序,虽然会降低时钟延迟对因果一致性存取服务的影响，但在系统中存在病毒、身份验证信息漏洞等风险时，网络时钟协议可能会被破坏，从而影响系统可用性。针对时钟同步过程中的安全风险，结合密码学设计时间戳信息可信传输、时钟信息的安全验证等方法应是未来研究工作的重要方向之一。

(2)基于时钟同步方法对副本的最新状态进行标识以及对用户的请求过程依赖集处理都存在较大的性能开销，因此未来研究重点要着重于结合其他优秀的共识机制，研究如何设计低延迟、低开销的数据因果一致性存储模型。

(3)现有研究方案极少对实际环境中的安全风险进行讨论，后续研究的重点应集中在结合密码技术对关键数据进行加密、利用可信认证机制对副本和客户端的操作做安全约束和同时为不同副本与客户端设计身份认证等方面。

5.5　本 章 小 结

本章对云存储中的数据一致性进行了研究和证明，从数据一致性的背景、内容、发展动态、存在的问题及解决方案等方面进行了阐述。

随着网络规模的不断扩大，数据呈海量式增长，分布式云存储技术因其高性能和可扩展性等优点成为当今互联网服务的重要组成部分[25]。而数据一致性已成为分布式存储技术中的关键问题之一。在众多数据一致性类别中，本章选择了最具吸引力的因果一致性解决方案。它既可以解决强一致性的高延迟和不容忍网络分区等问题，又可以避免弱一致性因过时读取导致的客户端异常现象，并且很多学者已经进行了卓有成效的工作。

传统的因果一致性模型方案主要有基于节点间的时钟同步方案、基于地理复制策略的方案和基于全局稳定策略方案。但无论基于何种策略的方案，都仍存在一些问题。例如，因物理时钟同步方式存在的更新操作等待延迟，完全地理复制中因管理大量元数据导致较高的系统同步开销，以及当前因果一致性方案鲜有考虑云存储环境中不安全因素的影响等。

针对上述因果一致性研究存在的一些问题，本章从面向优化数据中心结构和面向数据中心安全两个方面提出了不同的解决方案，并进行了仿真对比试验，证明了方案的可行性和优越性。

在面向优化数据中心结构方面，本章提出了基于邻接表和共享图两种部分地理复制的因果一致性模型。基于邻接表的因果一致性模型 Adjoin 使用邻接表来表示数据中心(DC)之间的存储关系，并允许每个 DC 只存储完整数据副本的一个子集。对于每个 DC，与该 DC 存储相同数据的节点都在其单链表上。当键的版本在 DC 内更新时，更新的版本将沿单链表传播和复制。Adjoin 还引入了 ADS 和 ASV 来跟踪因果一致性，ADS 与 ASV 仅存储当前 DC 和其单链表上 DC 的元数据。Adjoin 大大减少了基于完全地理复制的因果一致性模型造成的系统资源浪费，实现了真正的部分地理复制。基于共享图的因果一致性模型 CCSGPR 以部分地理复制策略为前提，利用共享图表示数据中心间的邻接关系。此外，利用混合逻辑时钟标记符合因果关系的时间戳，共享稳定向量选取接收远程心跳时间戳的最小值作为可读数据下限，在降低操作响应时间的同时，权衡了远程更新可见性能和元数据开销。

在面向数据中心安全方面，本章提出了具有可信约束和基于哈希图的数据安全两种因果一致性模型。具有可信约束下的数据因果一致性模型 CTT 结合现有的可信云平台成果，搭建了较为完整的模型架构，以较小的系统开销，为数据因果一致性提供了身份验证和数据完整性检验；通过借鉴 Hashgraph 消息传播机制，提高了分区间消息同步效率；使用混合逻辑时钟，避免了时钟漂移等因素对用户事件因果序的判断。基于哈希图的数据安全因果一致性模型 CDH 利用混合逻辑时钟优化了分区间同步数据、服务端处理数据的方式，并结合哈希图共识机制提出了数据依赖集安全校验签名的概念，重新设计分区间同步数据的方式，有效地降低了副本间实现因果一致的数据同步共识所耗费的时间。

综上，为全面降低分布式存储中的操作时延、更新时延、成本和性能开销，提升因果一致性存储的安全程度，应该优化时钟同步、数据同步策略，并为副本数据同步过程添加安全约束[26]。目前研究通常专注于数据因果一致性中某个特定的需求，如性能、成本，并为此提出大量的优化方案。然而，针对每个需求分别提出的优化方案在实际应用中的可行性较差，而且在单独部署的同时也极有可能引入额外的安全风险。因此，未来研究的首要任务是设计全面完整的安全解决方案，以满足实际云存储面临的多样需求。

参 考 文 献

[1] 朱涛, 郭进伟, 周欢, 等. 分布式数据库中一致性与可用性的关系[J]. 软件学报, 2018, 29(1): 131-149.

[2] Peng R, Xiao H, Guo J, et al. An ant colony optimization based data update scheme for distributed erasure-coded storage systems[J]. IEEE Access, 2020, 11(8):118696-118706.

[3] 崔勇, 宋健, 缪葱葱, 等. 移动云计算研究进展与趋势[J]. 计算机学报, 2017, 40(2): 273-295.

[4] Albert L, Leitao J, Preguica N M. Practical client-side replication: Weak consistency semantics for insecure settings[J]. Proceedings of the VLDB Endowment, 2020, 13(12): 2590-2605.

[5] Ahamad M, Neiger G, Burns J E, et al. Causal memory: Definitions, implementation, and programming[J]. Distributed Computing, 1995, 9(1): 37-49.

[6] Hesam N, Hossein D, Mohammad H, et al. Strict timed causal consistency as a hybrid consistency model in the cloud environment[J]. Future Generation Computer Systems, 2020,

105 (C): 259-274.

[7]　Kakwani D, Nasre R. Orion: Time estimated causally consistent key-value store[C]. Proceedings of the 7th Workshop on Principles and Practice of Consistency for Distributed Data, Heraklion, 2020: 1-6.

[8]　Kalavadia B, Bhatia T, Padiya T, et al. Adaptive partitioning using partial replication for sensor data[C]. International Conference on Distributed Computing and Internet Technology, Cham, 2019: 260-269.

[9]　Tian J, Pang Y. Adjoin: A causal consistency model based on the adjacency list in a distributed system[J]. Concurrency and Computation Practice and Experience, 2020 (1): e5835.

[10]　Roohitavaf M, Ahn J, Kang W. Session guarantees with raft and hybrid logical clocks[C]. Proceedings of the 20th International Conference on Distributed Computing and Networking, Bangalore, 2019: 100-109.

[11]　Xiang Z, Vaidya N H. Global stabilization for causally consistent partial replication[C]. Proceedings of the 21st International Conference on Distributed Computing and Networking, Kolkata, 2020 (30): 1-10.

[12]　Roohitavaf M, Demirbas M, Kulkarni S S. CausalSpartan: Causal consistency for distributed data stores using hybrid logical clocks[C]. Proceedings of the 36th IEEE International Symposium on Reliable Distributed Systems, Hong Kong, 2017: 184-193.

[13]　Spirovska K, Didona D, Zwaenepoel W. Wren: Nonblocking reads in a partitioned transactional causally consistent data store[C]. Proceedings of the 48th IEEE/IFIP International Conference on Dependable Systems and Networks Workshops, Luxembourg, 2018: 1-12.

[14]　Lamport L. Time, clocks, and the ordering of events in a distributed system[J]. Communications of the ACM, 1978, 21 (7): 558-565.

[15]　Du J, Iorgulescu C, Roy A, et al. GentleRain: Cheap and scalable causal consistency with physical clocks[C]. Proceedings of the ACM Symposium on Cloud Computing, Seattle, 2014: 1-13.

[16]　Didona D, Spirovska K, Zwaenepoel W. Okapi: Causally consistent geo-replication made faster, cheaper and more available[J]. arXiv preprint arXiv:1702.04263, 2017.

[17]　Didona D, Guerraoui R, Wang J, et al. Causal consistency and latency optimality: Friend or foe?[J]. arXiv preprint arXiv:1803.04237, 2018.

[18]　张玉清, 王晓菲, 刘雪峰, 等. 云计算环境安全综述[J]. 软件学报, 2016, 27 (6): 1328-1348.

[19]　张晓丽, 杨家海. 分布式云的研究进展综述[J]. 软件学报, 2018, 29 (7): 2116-2132.

[20]　Mahalakshmi B, Suseendran G. An analysis of cloud computing issues on data integrity, privacy and its current solutions//Data Management, Analytics and Innovation[M]. Singapore: Springer, 2019: 467-482.

[21] 杨小东, 安发英, 杨平, 等. 云环境下基于代理重签名的跨域身份认证方案[J]. 计算机学报, 2019, 42(4): 82-97.

[22] Kumar P, Raj P, Jelciana P. Exploring data security issues and solutions in cloud computing[J]. Procedia Computer Science, 2018, 125(C): 691-697.

[23] Roohitavaf M, Kulkarnt S. DKVF: A framework for rapid prototyping and evaluating distributed key-value stores[C]. Proceedings of the 33rd ACM/IEEE International Conference on Automated Software Engineering, Montpellier, 2018: 912-915.

[24] Ladin R, Liskov B. Providing high availability using lazy replication[J]. ACM Transactions on Computer Systems, 1992, 10(4): 360-391.

[25] Satyanarayanan M. A brief history of cloud offload[J]. ACM SIGMOBILE Mobile Computing and Communications Review, 2015, 18(4): 19-23.

[26] 田俊峰, 王彦晶, 何欣枫, 等. 数据因果一致性研究综述[J]. 通信学报, 2020, 41(3): 154-167.

第 6 章　抵抗同驻攻击

6.1　同驻攻击概述

云计算通过不同技术手段为用户提供按需、易扩展计算资源和存储资源，大大减轻了用户的计算和存储负担[1-3]。其中，虚拟化技术是云计算技术中的重要组成部分。虚拟化是一种资源管理技术，是将计算机的各种实体资源(CPU、内存、磁盘空间、网络适配器等)，予以抽象、转换后呈现出来，可供分割、组合为一个或多个计算机配置环境。由此，打破实体结构间的不可切割的障碍，使用户可以以更好的方式来应用这些计算机硬件资源。借助虚拟化，多个操作系统和应用程序可以同时在同一台计算机及其相同的硬件上运行，从而提高了硬件的利用率和灵活性。

云服务提供商为了有效地利用物理资源，通常将不同租户的多个虚拟机分配到同一台物理机上运行，称为虚拟机的同驻[4]。尽管同驻的虚拟机之间存在逻辑隔离，虚拟机与底层硬件间也存在逻辑隔离，但是这种同驻的虚拟机架构已能够被攻击者利用，使得云环境面临巨大的潜在威胁。例如，当攻击者与其目标虚拟机同驻后，可以绕过逻辑隔离，从而非法访问(窃取)或损坏用户数据，文献[5]~[7]中分别将数据不被偷窃或不被损坏的概率称作数据的安全性及生存能力。

6.2　研　究　现　状

先前的研究提出了以下几种针对同驻攻击的抵御方法。

1. 消除侧通道，并防止敏感信息在同驻虚拟机之间传输

侧信道攻击并非云系统独有。在云平台普及之前，业内已经提出了不同的方法[8,9]来减轻侧信道的威胁。但是，这些方法通常应用在硬件层，因此部署成本很高。在云环境中，许多侧信道都依赖于高分辨率时钟，因此，Vattikonda 等[10]建议删除此类时钟；Wu 等[11]建议为潜在的恶意操作增加延迟；而 Aviram 等[12]建议消除所有内部参考时钟。另一种方法是通过防止共享敏感资源来强制隔离，如 Shi 等[13]使用页面着色来限制基于缓存的侧信道。但是，现有抵御策略大多通过对云平台硬件进行改造或安装特定软件，而这些策略需要云服务提供商付出巨大的成本，且不利于及时部署，因此不太可能被云提供商采用。最近，Zhang 和 Reiter[14]建议定期清理时

间共享的缓存，添加额外噪声以使侧信道嘈杂。此外，Varadarajan 等[15]表明，最小运行时间(minimum running time，MRT)保证的调度机制可以有效地防止基于缓存的侧信道攻击。这两种方法所需的更改较少，因此更易于部署。

2. 检测同驻攻击的特征

Sundareswaran 和 Squcciarini[16]观察到，当攻击者使用 Prime-Probe 技术从受害者中提取信息时，CPU 和 RAM 使用率、系统调用和缓存未命中行为均存在异常。据此，他们提出了不同的方法来检测这些异常，并设计了防御机制。

3. 周期性迁移虚拟机

Zhang 等[17]通过 VCG(Vickery-Clarke-Groves)机制周期性地迁移虚拟机，对虚拟机的周期性迁移使得攻击者与目标同驻的概率降低，但是，因为迁移过程要占用大量的系统资源及网络带宽，所以频繁地迁移虚拟机会造成服务器性能下降，直接损害用户与云服务提供商的利益，可能导致云服务提供商违反服务等级协议(service level agreement，SLA)。

4. 加强租户隔离

共享物理资源的虚拟机之间本该是逻辑独立的，但由于恶意用户通过各种方法绕过逻辑独立，故有研究提出更加强有力的租户隔离机制，如石勇等[18]提出采用信息流策略控制不同虚拟机之间的信息流动，从而提高虚拟机的安全性。

5. 通过安全的虚拟机放置策略减轻同驻攻击危害

最早提出利用虚拟机放置策略减轻同驻攻击危害的是 Azar 等[19]，他们采用公共语言运行库(common language runtime，CLR)策略将所有的服务器分成两类：打开状态 Nopen 和关闭状态 Nclose。打开状态意味着该服务器可以接受更多的虚拟机请求，关闭状态则意味着无法接受更多的请求。CLR 维持着固定数量的 Nopen 服务器，当虚拟机放置时，随机挑选其中一台状态为 Nopen 的服务器进行放置，这种方法下同驻攻击的难度与 Nopen 数量成正比，最好的状态是全部服务器都打开，这种情况下则类似随机放置策略，而随机放置策略无法对资源的使用进行优化。Han 等[20]提出的 PSSF(previously selected server first)虚拟机放置策略优先选择用户使用过的或者正在使用的物理机，同时限制了用户所使用的物理机数量，导致单个用户的虚拟机(user virtual machine，UVM)放置可能过于集中，从而导致恶意用户与目标同驻一台物理机上便可获得较高的收益。Afoulki 等[21]通过用户制定的安全策略保障用户的安全，该策略让用户去指定禁止与其虚拟机同驻的其他用户的名单，进而满足用户的安全需求，然而现实中，用户无法将所有可能的恶意用户列在名单中，故不符合实际情况。Berrima 等[22]提出使用混合队列并随机扰乱虚拟机的放置顺序，从而加大恶意用户与目标同驻的难度,然而这种方法需要维护一个虚拟机请求序列,当序列满时再进行随机扰乱,这可能导致用户的虚拟机请求被搁置,降低了云的灵活性。

6. 通过数据的分块备份减轻同驻攻击危害

文献[23]与[24]提出了一种新的解决云环境下同驻攻击问题的方案。从用户的角度出发,通过数据分块技术将用户敏感数据分为多个独立的数据块,每一块都放在单独的虚拟机上,而数据仅在完整的情况下才可以被使用[25,26]。数据分块技术已被用作保护云中敏感信息的有效方法。例如,Soofi 等[25]、Leistikow 和 Tavangarian[27]提出了使用数据分块和图像分析的剥离方法,在云中保护具有敏感信息的图像数据。Shaikh 等[28]使用数据分块技术与远程备份算法相结合,以增强存储在云服务器上的数据的安全性。Levitin 等[23]提出利用数据分块技术来解决同驻攻击问题。此外,文献[23]提出最佳数据分块策略(即用户虚拟机的最佳数量),以减轻同驻攻击对用户数据造成的影响。数据分块技术可以有效地提升数据的安全性,除非攻击者可以访问所有独立的数据块,否则就无法获取完整的信息。然而,数据分块降低了数据的生存能力,因为任何数据块的损坏都会破坏信息的完整性,使得用户无法继续使用该数据。为了提高数据的生存能力,用户可以为每块数据创建副本[29],而数据副本会增加数据被窃取的概率。Levitin 等[26]在传统信息系统下研究了数据安全性和数据生存性之间的权衡,之后 Levitin 等[30]通过对受同驻攻击影响的数据分块与副本备份方案进行建模,提出了 P&R(partition and replica backup)方案,给出了抵御同驻攻击的最优分块、备份策略,并权衡了数据安全性、数据生存能力及用户存储开销。

6.3　基于 Shamir 的虚拟机放置策略

现有抵御同驻攻击的方案通常需要对云环境进行巨大的改造,加重云服务提供商的负担,且不利于及时部署。虚拟机放置策略由于不会产生巨大的开销,且易于部署,是抵御同驻攻击最理想的手段。因此,本章从虚拟机放置策略的角度出发,提出基于 Shamir 的虚拟机放置策略(Shamir-based virtual machine placement policy,SVMPP)。

6.3.1　虚拟机放置框架

现有虚拟机放置框架一般为数据中心-服务器框架,如图 6.1 所示,用户将虚拟机请求发送至数据中心后,由数据中心根据虚拟机放置策略为其选择合适的物理机($PM_1, PM_2, \cdots, PM_m$)。因此,管理者可以方便地管理和维护云平台,却不能很好地保障用户虚拟机的安全性。如果数据中心被恶意攻击,整个平台都将处于危险之中。数据中心处理所有事务,使得数据中心的性能成为云平台效率的瓶颈,且容易造成单点失效。

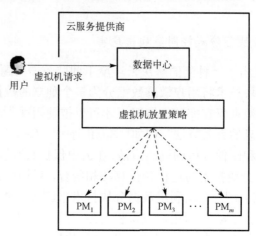

图 6.1　虚拟机放置框架

用户的多个秘密信息经过不同阈值的 Shamir 方案后会产生多组不同的信息,对应多组虚拟机。为满足阈值不同而产生的不同限制,SVMPP 设计了两级管理框架。在如图 6.1 所示的虚拟机放置框架基础上,引入组管理者负责虚拟机的放置。该过程中依据用户的 Shamir 门限值限制用户间的同驻,并根据多目标优化选择合适的物理机,如图 6.2 所示。

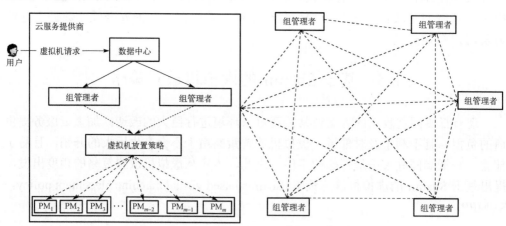

图 6.2　SVMPP 的两级管理框架

6.3.2　安全假设

恶意用户从目标虚拟机窃取信息之前,要与其目标同驻。因此,恶意用户需要启动尽可能多的虚拟机，或者利用虚拟机放置策略存在的漏洞，最大限度地与目标同驻，提高与目标的同驻概率。例如，在 FirstFit 放置策略下，恶意用户可以通过与目标虚拟机同时发送请求提高与目标的同驻概率。因此，假设恶意用户可以利用虚拟机放置策略存在的漏洞。为了方便讨论，本节做如下假设：

(1) 云服务提供商拥有充足的资源；

(2) 不考虑虚拟机的动态迁移，虚拟机被分配到物理机后将会一直运行，直到虚拟机关机或者被用户关闭；

(3) 云服务提供商对攻击者和普通用户没有任何的先验知识，因此平等对待所有的虚拟机请求。

6.3.3　方案设计

1. 多目标优化问题

在云环境下，虚拟机放置策略一般由云服务提供商(CSP)实施，用户并不实际参与虚拟机的放置过程。与其他方案不同，SVMPP 的实施需要用户与 CSP 两方协作：用户方面，SVMPP 要求用户将私密信息分为多份并放置在不同的虚拟机中；CSP 方面，CSP 要根据用户设定的 Shamir 门限值限制用户间的同驻。通过用户与 CSP 的协作可以提升虚拟机的安全性。而仅提升安全性对于用户和 CSP 而言都是不够的。尤其对于 CSP，他们更关心的是负载均衡及资源浪费问题。SVMPP 将安全性、负载均衡及资源浪费作为目标，进行了多目标优化。

SVMPP 的多目标优化问题如下所示。

假设云环境下有 h 个用户 $H = \{U_1, U_2, U_3, \cdots, U_h\}$，$m$ 台物理机 $M = \{\mathrm{PM}_1, \mathrm{PM}_2, \mathrm{PM}_3, \cdots, \mathrm{PM}_m\}$，其中 $M_0 \subset M$ 是正在运行的物理机集合，r 台虚拟机 $R = \{\mathrm{VM}_1, \mathrm{VM}_2, \mathrm{VM}_3, \cdots, \mathrm{VM}_r\}$，每台虚拟机 VM_i 的资源需求为 $(\mathrm{CPU}_i, \mathrm{MEM}_i)$，$a_{ij}$ 表示虚拟机 i 与物理机 j 之间的关系，当虚拟机 VM_i 放置在物理机 PM_j 上时 $a_{ij} = 1$，否则为 0。类似地，c_{ij} 表示用户与物理机间的关系，当用户 U_i 有虚拟机放置在物理机 PM_j 上时，$c_{ij} = 1$，否则为 0。为了下面叙述的方便，表 6.1 对本章使用的主要符号进行了归纳。

1) 安全性目标

恶意攻击者可以通过不同的账户启动大量虚拟机来间接地削弱 SVMPP 对用户间同驻次数的限制，最终完成同驻攻击。而 SVMPP 通过减少每台物理机上的用户数量来提升虚拟机安全性，以减轻联合攻击的危害，安全性度量由式(6.1)给出：

$$S : \min \frac{1}{|M_0|} \sum_{j=1}^{m} \sum_{i=1}^{h} c_{ij} \tag{6.1}$$

表 6.1　符号定义

符号	说明
M	全部物理机的集合
M_0	开启的物理机集合
N	所有虚拟机的集合
H	所有用户的集合
U	普通用户，他启动的虚拟机集合是攻击者的目标集合
$a_{ij} \in \{0,1\}$	若 VM_i 放置在 PM_j 上，则 a_{ij} 为 1，否则为 0
$c_{ij} \in \{0,1\}$	若用户 U_i 有虚拟机放置在 PM_j 上，则 c_{ij} 为 1，否则为 0
(VM_i^{cpu}, VM_i^{mem})	表示虚拟机 VM_i 的需求情况
$(PM_{avg}^{cpu}, PM_{avg}^{mem})$	分别表示 CPU、内存(Memory)的平均使用率
(C_j^{cpu}, C_j^{mem})	C_j 表示 PM_j 拥有的全部资源情况

2) 负载均衡目标

负载均衡的重要性包含两个方面。对于云服务提供商来说，将虚拟机均匀地分配到所有的物理机上可以减少单个物理机过度使用情况发生的可能性。用户更希望将自己多台虚拟机放置在不同的物理机上，既可以提高虚拟机的可用性，也可以提高其容灾能力。

超额预定是云环境下一种常见做法，它允许云服务提供商为用户分配比服务器实际拥有资源更多的资源，而 CPU 作为系统的关键资源始终启用超额预定，这种做法会使 RAM 成为系统资源的瓶颈。因此，选择 RAM 使用率作为负载均衡的度量标准。

假设物理机 j 的内存使用率 $PM_j^{mem} = VM_i^{mem} a_{ij} / C_j^{mem}$，当前组内物理机的平均内存使用率为 PM_{avg}^{mem}，所有活跃物理机的负载均衡的方差可以通过式 (6.2) 计算：

$$L : \min \sqrt{\sum_{i=1}^{m} (PM_j^{mem} - PM_{avg}^{mem})^2 \Big/ M_0} \tag{6.2}$$

3) 资源浪费目标

云环境下资源浪费的研究分为以下两个方面。

(1) 虚拟机放置过程的资源浪费问题。

王海涛等[31]将根据历史数据统计信息进行虚拟机资源分配的方法及综合有效性指标应用于云数据中心的虚拟机分配，在满足用户服务需求的同时，达到提高资源利用率并降低冲突率的目标。

(2) 虚拟机迁移过程中的资源浪费问题。

李湘等[32]通过灰色预测模型对内存脏页面进行预测，之后根据脏页数对网络带宽环境进行预留调整，有效地提升了网络传输速率，减少了迁移时间。Tziritas 等[33]提出一种随机在线算法，根据底层云提供商/用户的需求对目标函数(虚拟机的总迁移时间和虚拟机停机时间)进行加权，最大限度地缩短了虚拟机的总迁移时间(反映了迁移过程中花费的资源)和虚拟机的停机时间(反映了性能下降)。

为了便于讨论，从 CPU 利用率及 RAM 利用率考虑资源浪费问题。假设一台物理机 PM_j 拥有的资源为 (C_j^{cpu}, C_j^{mem})，一台虚拟机 VM_i 资源需求为 (VM_i^{cpu}, VM_i^{mem})，则物理机 PM_j 的 CPU 浪费率为 $\left(C_j^{cpu} - \sum_{i=1}^{r} VM_i^{cpu} a_{ij}\right)/C_j^{cpu}$，该物理机的内存(MEM)浪费率为 $\left(C_j^{mem} - \sum_{i=1}^{r} VM_i^{mem} a_{ij}\right)/C_j^{mem}$，资源浪费由如下公式度量：

$$W : \min \sum_{i=1}^{m} W_j \tag{6.3}$$

$$W_j = \frac{C_j^{cpu} - \sum_{i=1}^{r} VM_i^{cpu} a_{ij}}{C_j^{cpu}} \pm \frac{C_j^{mem} - \sum_{i=1}^{r} VM_i^{mem} a_{ij}}{C_j^{mem}} \tag{6.4}$$

$$VM_i^{cpu} a_{ij} \leqslant C_j^{cpu}, \quad VM_i^{mem} a_{ij} \leqslant C_j^{mem} \tag{6.5}$$

由于多目标优化模型的求解较为复杂，为了便于快速求解，本书采用启发式算法中的线性加权和法，将多目标优化问题转换为单目标优化问题进行求解。引入 α、β、γ 分别作为安全性、资源浪费及负载均衡的权重系数，其中 $\alpha + \beta + \gamma = 1$。加权处理后的优化目标为

$$F = \alpha S + \beta W + \gamma L \tag{6.6}$$

约束条件为

$$VM_i^{cpu} a_{ij} \leqslant C_j^{cpu} \tag{6.7}$$

$$VM_i^{mem} a_{ij} \leqslant C_j^{mem} \tag{6.8}$$

式中，$\forall i \in \{1,2,\cdots,N\}$，$\forall j \in \{1,2,\cdots,M\}$。

2. 方案流程描述

SVMPP 将虚拟机的放置过程分为 4 步。

步骤 1：虚拟机的创建。用户 U 根据 Shamir 秘密共享方案将要保护的私密信息分为 n 份，将 n 个虚拟机创建请求发送至数据中心，并将相应门限值 k_u 一并发送。

步骤 2：选取组管理者。这个过程根据用户限制表(user-constraint table，UCT)(表 6.2)进行选取，用户限制表记录用户所使用过的组管理者的记录，数据中心根据 UCT 选择组管理者并将虚拟机请求发送至相应的组管理者处。

表 6.2　用户限制表

用户	使用记录
U_1	$\{G_1, G_2\}$
U_2	$\{G_2, G_3\}$
U_3	$\{G_1\}$
U_4	$\{G_1, G_2, G_4\}$

步骤 3：虚拟机放置。同驻限制表（co-resident table，CRT）（表 6.3）记录着用户间的同驻限制。组管理者根据同驻限制表在本组内为用户选择合适的物理机，表中用户对列记录两个用户及他们所在的组，同驻次数列记录两个用户在当前组内的同驻次数 $0 \leqslant t_i \leqslant K_i$，同驻最大次数列记录两个用户间同驻的最大次数 $K_i \geqslant 2$。组管理者收到虚拟机请求后，根据请求的 k_u 值与组内其他用户 k 值（门限值）进行比较，选取较小的作为两用户间的同驻限制，更新 CRT。之后，组管理者根据 CRT 筛选符合条件的物理机，再筛选出满足资源条件的物理机，最后根据多目标优化选择最合适的物理机接受虚拟机请求（具体见算法 6.1）。若未找到合适的物理机，则撤销更新 CRT，并返回步骤 1。

表 6.3　同驻限制表

用户对	同驻次数	同驻最大次数
$<U_1,U_2,G_1>$	t_1	K_1
$<U_2,U_4,G_2>$	t_2	K_2
$<U_1,U_2,G_3>$	t_3	K_3

算法 6.1　基于 Shamir 的虚拟机放置策略

```
    输入：用户 Uᵢ 的虚拟机序列 VM[N]，同驻限制表 CRT，用户限制表 UCT。
    输出：使用的服务器序列 Chosen_Server[N]，更新后的 CRT 及 UCT 表。
1.  Begin
2.      Select an unused GM[i] for Uᵢ from UCT
3.      min_F init to max
4.      for each VM in VM[N]
5.          for each Server in GM[i]
6.              if CRT.append(VM,Server)< CRT Constraint then
7.                  F ← αS + βW + γL
8.                  if F < min_F then
9.                  min_F←F
10.                 append Server to Chosen_Server
11.         return Chosen_Server
12.     UPADATE CRT and UCT
13. End
```

步骤 4：开启新的组。若当前开启的组内无法找到满足条件的物理机，则开启新的组管理者来接收当前虚拟机请求。

3. 算法复杂度分析

算法 6.1 的外层循环遍历所有虚拟机创建请求，时间复杂度为 $O(M)$，其中 M 为虚拟机数量。内层循环遍历组内的所有物理机，为虚拟机寻找同时满足 CRT

限制与资源限制的物理机，并根据多目标优化条件选择放置后效果最好的物理机，时间复杂度为 $O(N)$，其中 N 为组内的物理机数量。最终，算法执行时为每个虚拟机遍历一次组内的全部物理机，一共执行 mn 次，故算法整体的时间复杂度为 $O(mn)$。

6.3.4　区块链设计及具体实现

1. 区块链设计

两级管理框架中的组管理者解决了数据中心可能成为云平台效率瓶颈的问题，但由于其维护的 Shamir 门限记录的重要性，易成为攻击者目标。一旦组管理者维护的 Shamir 门限记录被恶意篡改，所有运行在该组的虚拟机都将处于危险之中。为此，SVMPP 采用区块链技术保护记录不被篡改。下面首先介绍区块链的有关概念。

区块链是一个将区块按照时间顺序链接起来的一种链式数据结构，每个区块包含头部和主体两个部分。头部：存储上一区块的哈希值。主体：包含验证了区块创建过程中的交易记录，区块间通过头部中上一区块哈希值链接在一起(图 6.3)。区块链是不断增长的，每当有区块被添加进区块链时，整条链便会向后延长，这个过程是由矿工完成的。矿工将当前交易记录写入区块中，并通过大量的计算获取符合条件的哈希值，最终获得在区块链中添加区块的权利，这个过程被称为矿工的挖矿过程。

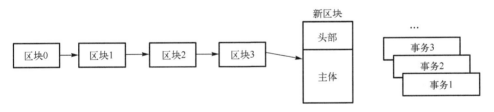

图 6.3　区块链整体结构

区块链使用过程涉及的一个关键问题是矿工的选取问题。如图 6.4 所示，根据"击鼓传花"的规则在组管理者间选取矿工。设定一个令牌，令牌在组管理者间依次传递，当有交易发生时，持令牌者当矿工，由该矿工将交易记录写入区块，并将新区块添加进区块链。需要注意的是，若本次持令牌的矿工是交易记录中的参与者，则将令牌传递给下一个组管理者。避免了当某组管理者为矿工时，将自己参与的交易记录写入区块。

为了激励矿工积极挖矿，对于不积极的矿工，取消其在下一周期内挖矿的资格。具体措施如下：在系统开始的一段时间内(几个周期)统计矿工完成挖矿所用的平均时间，记为 T_i。之后每隔几个周期重新统计并更新该值。在 T_i 的上一次更新后至下次更新前的周期内,将矿工当前完成挖矿时间 T_c 与相应的 T_i 进行比较,若 $T_c \leqslant T_i$,则保留该矿工在下个周期的挖矿资格;若 $T_c \geqslant T_i$,则取消该矿工下个周期的挖矿资格。本周期内没有挖矿资格的矿工将在下一周期自动恢复挖矿资格。

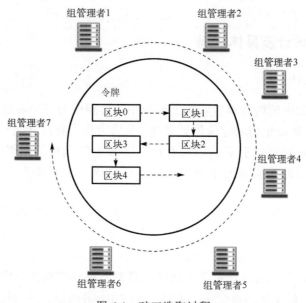

图 6.4　矿工选取过程

2. 具体实现

由于 SVMPP 通过 CRT 表与 UCT 表来保障用户虚拟机安全性,如果 CRT 表与 UCT 表仅由单一的管理者维护,一旦该管理者被攻破,SVMPP 将无法继续有效地保障用户虚拟机的安全。为此,SVMPP 通过区块链技术来保障 CRT 表与 UCT 表的安全性。

数据中心产生 UCT 的交易记录,组管理者产生 CRT 的交易记录,记录产生后广播至其余所有的管理者处。组管理者与数据中心检查交易记录的有效性并返回该管理者的检查结果,并通过 Receive 函数接收其余管理者的认定结果,半数以上认同则 Receive 函数返回 True,将交易记录放入矿池。具体实现过程如算法 6.2 和算法 6.3 所示。

算法 6.2　生成交易

```
1. Begin
2.     if UCT is UPDATED then
3.         transaction = Generate(UCT)
4.     if CRT is UPDATED then
```

```
 5.          transaction = Generate(CRT)
 6.      Broadcast transaction to each GM
 7.      Receive GM.result from each GM
         /* if GM approve the transaction GM.result will be true
            otherwise false*/
 8.      if more than half of the GM.result approve then
 9.          put transaction into the pool
10.      else
11.          discard the transaction
12. End
```

算法 6.3　开采程序

```
 1.  Begin
 2.      for each GM
 3.          init GM.token to true
             /*only when GM.token is true can the GM proceed the
               mining procedure*/
 4.      if there is transaction of current GM then
 5.          Pass the token to next GM
 6.      for each transaction in pool
 7.          UPDATE UCT
 8.          UPDATE CRT
 9.      Let T_avg be the average mining time of the previous cycle of GM
10.      if the average mining time of this cycle T < T_avg then
11.          GM.Token←false
12.          T_avg←T
13. End
```

6.3.5　性能分析

为了验证 SVMPP 在提高虚拟机安全性、提高负载均衡及减少资源浪费的有效性，使用 CloudSim 模拟实现了 SVMPP 放置策略。此外，为了直观地描述 SVMPP 提高虚拟机安全性的有效性，引入同驻覆盖率。假设恶意用户 Mal 的目标用户 U 启动的虚拟机集合为 $\mathrm{VIC}=\{\mathrm{Vic}_1,\mathrm{Vic}_2,\mathrm{Vic}_3,\cdots,\mathrm{Vic}_n\}$，恶意用户为达成同驻启动的虚拟机数量为 Mal(VM)，则同驻覆盖率（Co_Rate）定义为

$$\mathrm{Co\_Rate} = \frac{|\mathrm{Mal(VM)/VIC}|}{|\mathrm{VIC}|} \tag{6.9}$$

1.　实验环境

本次实验模拟了一个数据中心、多个组管理者，每个组管理者中都包含相同台

数的物理机，物理机有两种配置(表 6.4)。为了提高实验的可信性，每个用户启动
的虚拟机都从表 6.4 的 4 种配置随机选择。

表 6.4　实验设置

物理机配置	CPU 速度/MIPS	CPU 核心数	RAM/MB
服务器	2600	16	24576
	2600	12	49152
	2500	1	2048
虚拟机	2000	1	4096
	1000	1	8192
	500	1	4096

　　同时，为了实验方便，取所有用户的$(k,n)=(4,10)$，取多目标优化权重$(\alpha,\beta,\gamma)=(0.6, 0.2, 0.2)$。在实际应用中，云服务提供商可以根据不同的 k,n 将服务器进行分组，将相同限制的虚拟机请求发给特定类型的组管理者，在提高安全性的同时提升云环境负载均衡能力，降低资源浪费。权重系数则按照云服务提供商对 3 个优化目标重要性的不同程度进行赋值。

　　2. 实验结果及分析

　　为了验证 SVMPP 提升虚拟机安全性的有效性，实验在不同分组大小下进行。

　　在不同的配置环境下图 6.5 对恶意用户的同驻覆盖率进行了比较，每组实验重复 30 次取平均值。实验结果表明，SVMPP 下的同驻覆盖率随攻击者启动的虚拟机数量的增加而呈上升趋势。需要注意的是，SVMPP 的同驻覆盖率在 20%(同驻 2 次)左右开始明显平缓，这是由于两个用户间的同驻次数接近阈值(3 次)前，在组内找到同时满足门限需求与资源需求的物理机变得更加困难，所以同驻的概率降低导致同驻覆盖率的降低。

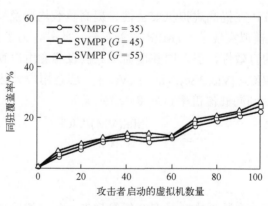

图 6.5　SVMPP 同驻覆盖率

　　同时，根据排队论的思想，对 SVMPP 放置策略(组管理者数量为 5，$G=55$)下的虚拟机请求处理与等待时间做了对比。SVMPP 有多个组管理者同时处理放置任务，类似于 C 个 M/M/1 的排队模型。

　　图 6.6 展示了 SVMPP 放置策略在不同虚拟机请求到达率下的虚拟机请求的平均响应时间。实验结果表明，虚拟机请求的平均响应时间随虚拟机请求到达率的增大而增加，且斜率越来越小。这是由于当虚拟机请求到达率增加后，SVMPP 使用多个组管理者共同处理虚拟机放置任务，故处理时间无明显上升，由此可知 SVMPP 在任务量大时有更好的处理能力。

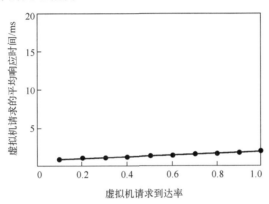

图 6.6　虚拟机请求的平均响应时间

　　为了描述 SVMPP 在负载均衡与资源浪费方面的有效性，实验使用 20000 台虚拟机，根据所有开启的物理机中 RAM 使用率不同的物理机占比来衡量整体的负载均衡。

　　图 6.7 展示了三种分组大小下，内存使用率较高的物理机(RAM 使用率大于 80%)占比。实验结果表明，当分组较小时，各用户间的同驻次数更容易达到阈值。这是

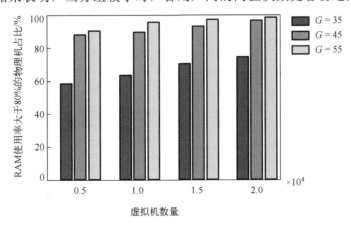

图 6.7　SVMPP 不同分组大小负载均衡情况

由于每组的资源数量较少,当一部分用户进入该组后,会导致用户间的同驻次数迅速增长。尽管这时有一部分物理机还处于空闲状态,但已无法在该组为新用户找到合适的物理机,这种情况下会有部分物理资源被浪费,使得整体的负载均衡效果受到影响。而随着分组的增大,组内资源增多。在组内资源少的情况下(分组较小)被放置在第 $K+1$ 组的虚拟机,在每组资源增加后可能会被放置在第 K 组,从而提升了第 K 组的资源利用率,使得负载均衡的效果更理想。实验进一步讨论了在虚拟机数量一定的条件下,不同分组大小对负载均衡效果的影响。图 6.8 表示虚拟机数量为 20000 台时,不同分组大小下负载均衡的效果。由图 6.8 可以看出,当分组大小为 40 时,负载均衡效果开始稳定,此时继续增加分组大小也无法提升负载均衡效果。

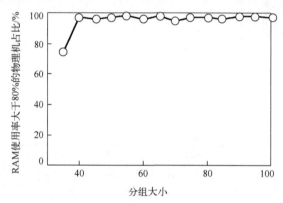

图 6.8　不同分组大小对负载均衡的影响

　　资源浪费是第三个优化目标,目的是减少内存利用率低的物理机数量,实验分别在不同分组大小下进行,每组实验重复 30 次并取平均值。

　　图 6.9 的实验结果展示了不同分组大小下内存使用率较低(RAM 使用率小于80%)的物理机数量占总物理机数量的比例,实验结果表明增大分组大小可以有效地

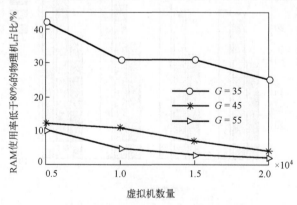

图 6.9　SVMPP 不同分组大小下资源使用情况

提升资源的使用率，这也与之前负载均衡的结论一致。对 Shamir 条件在 $(k,n)=(5,$
$10)$ 情况下的安全性、负载均衡及资源浪费也进行了测试，实验结果表明，同驻次数
对优化的三个目标均有影响，同驻限制次数的增加意味着安全性的降低，但是可以
提升负载均衡的效果，提高资源的使用率。由于篇幅限制，在此不再叙述。

3. 方案实用性

由表 6.5 可知，将秘密分成多份放置在多个虚拟机中并不会带来过多的额外开
销。比起虚拟机被侧信道攻击，云租户愿意承担将计算从少数大型虚拟机转移到众
多小型虚拟机而导致的成本。

表 6.5 国内云服务提供商服务器价格表（截至 2018-06-25）

云服务器	实例类型	核心数	内存/ GB	带宽/(Gbit/s)	价格/(元/月)	API 名称
腾讯云	小型	4	8	1.5	364	S3.Large8
	大型	8	16	1.5	728	S3.Large16
阿里云	小型	2	4	2	179	ecs.c5.large
	中型	4	8	1.5	358	ecs.c5.xlarge
	大型	8	16	2.5	716	ecs.c5.2xlarge

综上，SVMPP 有效地提升了虚拟机的安全性和云环境整体的负载均衡能力，减
少了资源浪费。

6.4 存储开销的抵御同驻攻击的数据分块加密备份方案

6.4.1 现有方案基础及攻击模型

1. P&R 方案

用户有一些需要保护的敏感信息。攻击者的行为可能导致信息的非法访问（窃取）
或导致信息损坏，致使用户无法使用。为了保护数据的安全性，用户将其分成 x 块
数据（图 6.10），其中 $x>1$（最大分块数可以根据实际情况/需求进行限制）。除非攻击
者能够访问所有 x 块数据，否则数据就是安全的。另外，数据只有在完整的情况下
才可以被使用，当分块数据中的任何一块被破坏时，数据无法被继续使用。为了避
免这种情况，通过为每个数据块 i $(1 \leq i \leq 10)$ 创建 y_i 个副本来增强数据生存性，用
户的分块备份策略记为 $R=(x, y_1, \cdots, y_x)$，表示用户将数据分为 x 块，第 i 块数据的副
本数量为 y_i。

为了破坏用户的数据，攻击者应该破坏任意数据块 i 的所有 y_i 个副本。为了窃
取信息，攻击者必须获取任何数据块的至少一个副本。创建更多数据块会使信息更

难以窃取，但更容易被损坏。虽然为每个数据块创建更多的副本会使得数据不易被损坏，但会使数据更容易被窃取。最佳的数据分块方案应在数据的安全性与生存能力之间进行权衡。

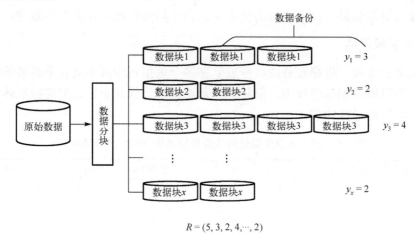

$$R = (5, 3, 2, 4, \cdots, 2)$$

图 6.10　数据分块备份过程

假设云计算系统中有 n 台服务器，用户将数据划分为单独的块并创建这些块的副本(共 k 个数据块)之后，用户向云资源管理系统(resource management system，RMS)发送 k 个请求，并为每个数据创建虚拟机。云资源管理系统创建 k 个用户的虚拟机(UVM)并且将这些 UVM 完全随机地分配给可用的物理服务器。一台服务器可以获得任意数量(0~k)的 UVM。k 个 UVM 可以分布在 1~$\min(n, k)$ 台服务器。

2. 攻击模型

攻击者试图访问用户的信息以窃取或破坏它。只有当攻击者的虚拟机 (attacker virtual machine，AVM)与 UVM 位于同一服务器中时，才有可能访问 UVM 的相关数据。为了与用户的 UVM 同驻，攻击者提交 m 个请求将 m 台 AVM 分配到同一个云系统。RMS 为每个请求创建 AVM，并随机地分配到 n 台服务器上。如果 AVM 与某些 UVM 在同一台服务器上同驻，那么它可以为每个同驻的 UVM 构建一个侧信道，并以一定的概率窃取或破坏数据。记攻击者窃取数据的概率为 t，损坏数据的概率为 c。

为了讨论方便，且不失一般性，做如下假设。

(1)所有物理服务器中使用相同的数据保护措施。攻击者构建侧信道并窃取或损坏数据的事件对于 AVM 和 UVM 同驻的所有服务器是相同的，这意味着如果 AVM 成功地在一个服务器中构建侧信道,那么其他与 UVM 同驻的 AVM 也可以成功地构建侧信道。

(2) 攻击者可以以概率 t 窃取同一服务器中与 AVM 同驻的所有 UVM 的数据，并以概率 c 损坏该数据。

(3) 概率 t 与 c 不依赖于同驻在同一服务器中的 UVM 和 AVM 的数量。

(4) 概率 t 和 c 不一定相等。例如，若攻击者获取到的是加密数据，则无法解密和使用，但是可以破坏该数据 ($c>t$)。相反，数据如果有写保护，那么窃取会比破坏更容易 ($t>c$)。为了提高数据被窃取的难度，使用数据分块技术将单一数据分为多份，虽然提升了数据被窃取的难度，但也提高了数据被损坏的概率。为了降低数据被损坏的概率，为每个分块数据创建数据副本，提升数据被损坏的难度。分块与数据副本在提升数据安全性与数据生存能力之间是冲突的。虽然，同时增加分块数量与副本数量，可以提升用户数据的安全性和生存能力，但也为用户带来了巨大的存储开销。本书提出 P&XE 方案，在降低用户存储开销的同时，提升了数据的安全性及生存能力。

6.4.2　方案详细设计

1. P&XE 方案备份数据的生成过程

本节介绍了 P&XE 方案备份数据的生成过程，如图 6.11 所示。

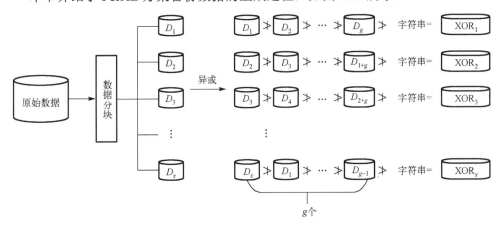

图 6.11　P&XE 方案备份数据的生成过程

P&XE 方案包含两部分。

(1) 原始数据分块。用户通过数据分块技术将要保护的数据 D_{origin} 分为 x 块，$D_{\text{origin}} = (D_1, D_2, \cdots, D_x)$。

(2) 分块数据的异或 (XOR) 加密备份。通过将多块不同的数据与用户的随机字符串 (random string, RS) 进行异或 (⊁) 从而产生 XOR 加密备份数据，用于产生 XOR 加密备份数据的数据块的数量称为分组大小，记为 g ($2 \leqslant g \leqslant x$)。

第 i 块 XOR 加密备份数据的生成从数据块 D_i 开始,与其后面的 $g-1$ ($i<x+g-1$ 时)块数据进行异或运算($\oplus$),最后使用 RS 为该备份数据加密,公式如下:

$$\begin{cases} \mathrm{XOR}_i = D_i \oplus D_{i+1} \oplus \cdots \oplus D_{i+g-1} \oplus \mathrm{RS}, & i+g-1 \leqslant x \\ \mathrm{XOR}_i = D_i \oplus D_{i-1} \oplus \cdots \oplus D_{i+g-1-x} \oplus \mathrm{RS}, & i+g-1 > x \end{cases} \tag{6.10}$$

图 6.12 以 $x=5$ 为例,说明 XOR 加密备份数据的生成过程。

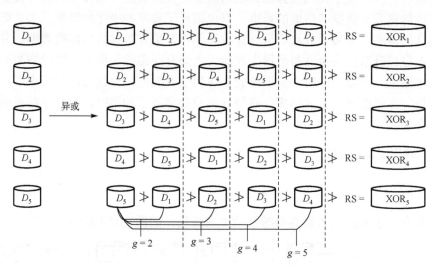

图 6.12　$x=5$ 时 XOR 加密备份数据的生成过程

由图 6.12 可以看出,分组大小 g 的改变只影响某块数据在异或数据的运算中出现的次数,并不会使得 XOR 加密备份数据的数量增加,即 P&XE 方案中使用的 UVM 数量只与数据分块数量 x 有关,P&XE 方案使用的 UVM 数量为 $2x$ 。这也是 P&XE 方案在用户分块数量增加时,可以维持较高的安全性及较低用户存储开销的原因。

2. P&XE 方案数据恢复过程

由于异或运算满足交换律 $a \oplus b = b \oplus a$ 。根据式(6.10)可知,与 D_i 相关的 XOR 加密备份数据有 g 个,当第 i 块数据 D_i 损坏后,从这 g 个 XOR 数据中选择一个,根据该 XOR 加密备份数据的生成公式,将等式两侧的 XOR 加密备份数据与 D_i 进行对调,通过再次的异或运算便可以恢复数据 D_i ,下面仍以 $x=5$ 为例,说明数据的恢复过程。

$$\begin{cases} \mathrm{XOR}_1 = D_1 \oplus D_2 \oplus D_3 \oplus \mathrm{RS} \\ \mathrm{XOR}_2 = D_2 \oplus D_3 \oplus D_4 \oplus \mathrm{RS} \\ \mathrm{XOR}_3 = D_3 \oplus D_4 \oplus D_5 \oplus \mathrm{RS} \\ \mathrm{XOR}_4 = D_4 \oplus D_5 \oplus D_1 \oplus \mathrm{RS} \\ \mathrm{XOR}_5 = D_5 \oplus D_1 \oplus D_2 \oplus \mathrm{RS} \end{cases} \tag{6.11}$$

当 $g=3$ 时，所有的 XOR 加密备份数据生成式如式(6.11)所示，假设数据 D_4 被损坏，由式(6.11)可知，与 D_4 有关的 XOR 加密备份数据为 XOR_2、XOR_3、XOR_4，根据异或运算的性质有

$$\begin{cases} D_4 = D_2 \oplus D_3 \oplus \text{XOR}_2 \oplus \text{RS} \\ D_4 = D_3 \oplus \text{XOR}_3 \oplus D_5 \oplus \text{RS} \\ D_4 = \text{XOR}_4 \oplus D_5 \oplus D_1 \oplus \text{RS} \end{cases} \tag{6.12}$$

将 D_4 分别与生成式中 XOR_2、XOR_3、XOR_4 进行对调，即可获得数据 D_4 的恢复公式，之后从式(6.12)中任选其一进行异或运算便可以恢复数据 D_4。

3. P&XE 方案的理论分析

本节将 P&XE 方案对数据安全性及数据生存能力的影响进行理论分析，并比较 P&R 方案与 P&XE 方案对数据安全性及数据生存能力的影响。

通过上面的介绍可知，用户数据的安全性与生存能力分别与数据的分块数量及副本数量相关，以方案 $R=(5,3,3,3,3,3)$ 为例，即数据被分为 5 块，每块数据有 3 个副本。在 P&R 方案中[30]，每块数据有 3 个副本，攻击者在获取数据时对于每块数据，至少获取三块中的一块，便可成功地窃取数据。而在损坏数据时，只需破坏任意数据的三块数据便可成功地损坏数据。对于 P&XE 方案，$R=(5,3,3,3,3,3)$ 表示 $g=2$，因为对于数据损坏，攻击者要损坏原始数据和与该数据相关的两块 XOR 加密备份数据，故对于数据损坏 P&XE 方案与 P&R 方案的安全性相同。但是，对于数据窃取，由于 XOR 加密备份数据经过用户随机字符串加密，攻击者无法通过 XOR 加密备份数据获取其他用户数据，故在数据窃取时 $R=(5,1,1,1,1,1)$，即只有当攻击者可以窃取所有原始分块数据时才能窃取成功，相对于 P&R 方案，P&XE 在应对数据窃取时的表现会更好。

简单来说，攻击者在窃取用户数据时需要窃取到每个数据的原始数据，如果窃取到的是 XOR 加密备份数据，那么攻击者会由于无法破解用户的随机字符串而无法使用该数据(攻击者无法通过 XOR 加密备份数据获取用户的其他数据)。而在攻击者损坏数据时，不仅要损坏用户的原始数据，还需要损坏与该原始数据相关的所有 XOR 加密备份数据。所以，P&XE 方案可以在不降低用户数据安全性的前提下，提高用户数据的生存能力。

6.4.3　数据窃取及数据损坏概率公式

为了度量 P&XE 方案与 P&R 方案对数据安全性、数据生存能力及用户存储开销的影响，使用文献[30]中对数据安全性的度量公式 $T(R)$、对数据生存能力的度量公式 $W(R)$ 及用户存储开销的度量公式 $O(R)$。

考虑如下场景，云环境下有 n 台服务器、k 台 UVM 和 m 台 AVM，数据分块/备份策略 $R=(x,y_1,\cdots,y_x)$。$p(n,k,m)$ 和 $w(n,k,m)$ 分别是攻击者的 AVM 与所有 UVM 都同驻的概率及攻击者的 AVM 与至少一台 UVM 同驻的概率。当 AVM 的数量为某个定值时，数据被窃取的概率是

$$T(R,m)=t\left(\prod_{i=1}^{x}w(n,y_i,m)\right) \tag{6.13}$$

数据被损坏的概率是

$$C(R,m)=c\left(1-\prod_{i=1}^{x}(1-p(n,y_i,m))\right) \tag{6.14}$$

当不确定 m 的值，而知道 m 的范围及分布形式 $\mu(l)=\Pr(m=l)\,(m_{\min}\leqslant l\leqslant m_{\max})$ 时，数据被窃取和损坏的概率分别是

$$T(R,\mu)=t\sum_{l=m_{\min}}^{m_{\max}}\mu(l)\left(\prod_{i=1}^{x}w(n,y_i,l)\right) \tag{6.15}$$

$$C(R,m)=c\sum_{l=m_{\min}}^{m_{\max}}\mu(l)\left(1-\prod_{i=1}^{x}(1-p(n,y_i,l))\right) \tag{6.16}$$

图 6.13 与图 6.14 给出了在 P&XE 方案下，数据被窃取概率 T（x 轴）与数据损坏概率 C（y 轴）在不同服务器数量下的关系，其中 $c=t=1$，$m=10$、$m=30$ 或 $10\leqslant m\leqslant 30$。

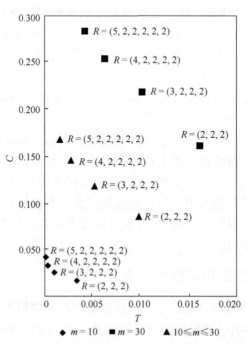

图 6.13　$n=30$ 时数据损坏与数据被窃取之间的概率关系

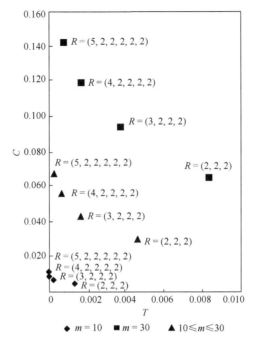

图 6.14 $n = 50$ 时数据损坏与数据被窃取之间的概率关系

由图 6.13 和图 6.14 可以看出，在分组大小相同的条件下，当分块数量增加时，用户数据被窃取的概率减小，用户数据被损坏的概率增加。同时，在攻击者虚拟机数量一定的条件下，增加物理机的数量可以在一定程度上提升用户数据的安全性及生存能力。

用户创建的 UVM 数量 $K(R) = \sum_{i=1}^{x} y_i$，记 O_{vm} 为用户创建一个 UVM 的开销，则用户创建 UVM 的开销为

$$O(R) = K(R)O_{vm} \tag{6.17}$$

6.4.4 性能分析

本节从数据被窃取的概率(T)、数据被损坏的概率(C)、用户存储开销(O)三个方面对 P&XE 方案进行分析。按照文献[30]设置的 T^*、C^*、O^*，在限定其中两个参数的阈值后，寻找令剩余参数最优的解决方案。然后又通过控制变量从整体上分析了 P&XE 方案对 T、C、O 造成的影响，最后通过异或的时间代价说明了 P&XE 方案的可行性。注：由于 P&XE 方案要求 $x > 1$，所以在 $x = 1$ 的点实验结果中没有对应数据。

1. 数据被窃取的概率(T)对比

图 6.15 对 P&XE 方案最佳 T 进行了分析。当 $n = 50$，$t = 0.2$，$c = 0.6$ 时 $C^* = 0.05$。

随着服务器数量的增加，攻击者的 AVM 与用户的 UVM 同驻的概率降低，使得用户数据被盗的概率降低。同时，数据被盗的概率也随着数据分块数量的增加而降低。在 P&XE 方案中，无论分组大小是多少，用户的每块数据只有一份，所以，只有当恶意用户获取用户的所有原始数据后才能成功地窃取到数据。

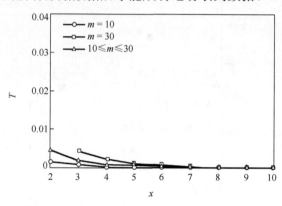

图 6.15　当 $n = 50$ 时，P&XE 方案 T 的对比

在 m 取值与上述实验相同情况下，图 6.16 与图 6.17 展示了在 P&XE 方案中，

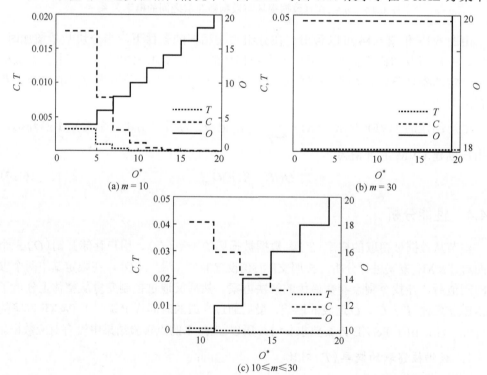

图 6.16　当 $n = 30$ 和 $C^* = 0.05$ 时，在不同 O^* 约束下，T、C 和 O 之间值的变化关系

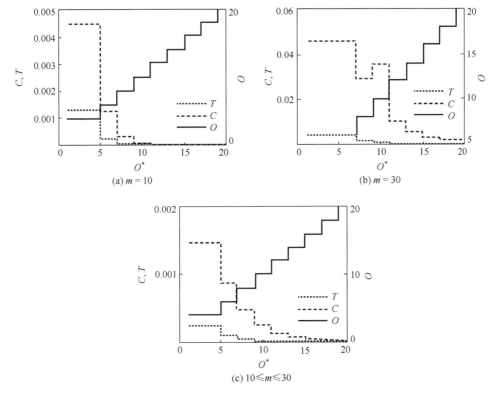

图 6.17　当 $n = 50$ 和 $C^* = 0.05$ 时，在不同 O^* 约束下，T、C 和 O 之间值的变关系

当 $C^* = 0.05$，$t = 0.2$，$c = 0.6$，$O_{vm} = 1$ 时，T、C 和 O 之间值的变化关系。在图 6.16 中，当 $m = 30$ 时可以明显地看出，当 AVM 数量较多时，提升分块数量不能很好地降低数据被窃取的概率及数据被损坏的概率。实际上，当 AVM 分布在所有的服务器上时，任何的分块/备份策略都会失效。这种事件发生的概率随着 n 的减小或 m 的增加而增加。

2. 数据被损坏的概率（C）对比

图 6.18 表示在 $n = 50$，$t = 0.2$，$c = 0.6$ 条件下，对 P&XE 方案在不同 T^* 限制下对 C 的影响进行分析。实验结果显示，在 T^* 越大时，P&XE 方案使得用户数据被损坏的概率越低，P&XE 方案可以同时保证数据的安全性及数据的生存能力。攻击者在损坏数据时，需要损坏原始数据及与其相关的所有 XOR 加密备份数据，由于 XOR 加密备份数据经过用户随机字符串加密，攻击者无法通过 XOR 加密备份数据解密原始数据，故在窃取数据时，攻击者需要获取所有的原始数据，这使得 P&XE 方案能够保护用户数据的安全性。

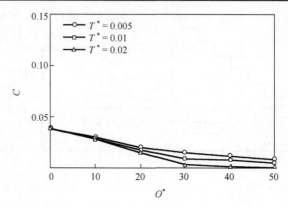

图 6.18　当 $n = 50$ 与 $10 \leqslant m \leqslant 30$ 时，在不同 T^* 和 O^* 约束下的数据生存能力比较

图 6.19 展示了在 P&XE 方案中，当 $t = 0.2$，$c = 0.6$，$O_{vm} = 1$ 时，在不同 T^* 下，T、C 和 O 之间值的变化关系。可以看出，随着 T^* 的放宽，用户可以通过使用更多的 UVM（增加数据分块数量或增加 XOR 加密备份的数量）在一定程度上降低数据被损坏的概率。

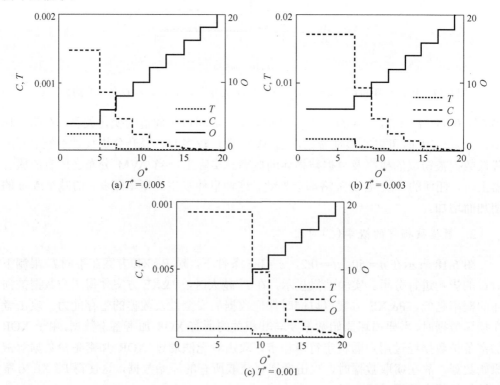

图 6.19　当 $n = 50$ 和 $10 \leqslant m \leqslant 30$ 时，在不同 T^* 和 O^* 约束下，T、C 和 O 之间值的变化关系

3. 用户存储开销(O)对比

图 6.20 与图 6.21 给出了当 $t = 0.2$，$c = 0.6$，$O_{vm} = 1$ 时，P&XE 方在不同 T^* 和 C^* 约束下，用户存储开销的对比。由图 6.20 和图 6.21 可以看出，随着 T^* 的放宽，用户只需要更少的 UVM 便可以满足 T^* 的要求。图 6.21 中，当 $C^* = 0.05$，$T^* = 0.03$ 时，P&XE 方案使用的 UVM 数量最多，由于数据分块数量最小为 2，所产生的 XOR 加密备份数据为 2 个，用户的最低开销为 4。

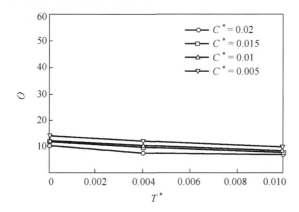

图 6.20　当 $n = 30$ 与 $5 \leqslant m \leqslant 10$ 时，在不同 T^* 和 O^* 约束下的用户存储开销比较

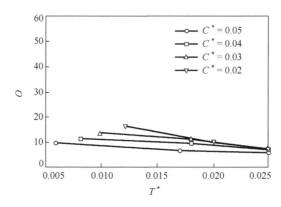

图 6.21　当 $n = 50$ 与 $5 \leqslant m \leqslant 10$ 时，在不同 T^* 和 O^* 约束下的用户存储开销比较

4. 整体对比

图 6.22 和图 6.23 分别从两个方面对数据的安全性进行对比分析，图 6.22 选择 P&XE 方案下 C 的性能最好的 R（即分组大小与分块数一致的情况，有 $x = g$）对 T 进行分析。在 P&XE 方案下，数据的安全性由于仅与分块数量有关，分块数量越多，数据的安全性越高。

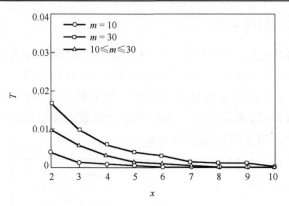

图 6.22　　$n = 30$，相同 C 下 T 的对比

　　图 6.23 表示 P&XE 方案分组大小为 2 时的 R，不同分块数量的 T 的变化。可以看到，当分组大小确定时（每块数据的副本数量一致），P&XE 方案的 T 随着分块数量的增加而降低。这是由于每块数据的副本数量相同，获取任意一块数据的副本的概率相同，而需要获取的数据块数量增加，导致攻击者获取完整数据的难度增加，所以攻击者窃取数据的概率降低。

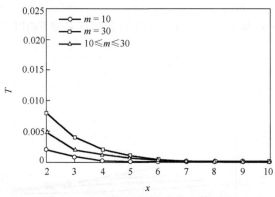

图 6.23　　$n = 50$，相同 C 下 T 的对比

　　图 6.24 为在相同 T 的方案 R 下（以 T 相同为参考标准，即每个数据分块后不做副本备份）对 C 进行分析。由于没有副本备份，每个数据只有一块，当分块数量增多时，攻击者损坏任意一块数据的概率增加。P&XE 方案中，XOR 加密备份数据不影响数据被窃取的概率，选择 $n = 30$，C 最小（$x = g$ 时）的数据，由于随着分块数量的增加，每块数据的 XOR 加密备份数据也增多，所以攻击者损坏数据的概率降低。

　　图 6.25 选择 $n = 50$，C 最大时（$g = 2$）进行比较。可以看出，随着分块数量的增多，P&XE 方案下用户数据被损坏的概率提升，这是由于分块数量增加了，而每块数据的 XOR 加密备份数据的数量保持不变，且攻击者损坏任意一块数据的概率不变，数据块多了，损坏任意一块数据的可能性提高，所以用户数据被损坏的概率上升。

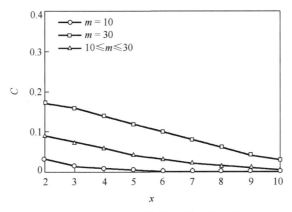

图 6.24　$n = 30$，相同 T 下 C 的对比

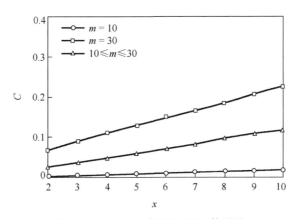

图 6.25　$n = 50$，相同 T 下 C 的对比

图 6.26 为在相同 C 的方案 R 下，对 P&XE 方案使用的 UVM 数量进行分析。实验

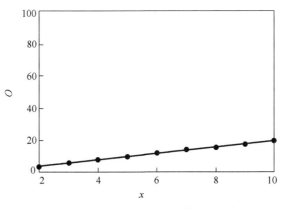

图 6.26　相同 C 下，O 的对比

选择 $x = g$ 时的分组大小(此时为 P&XE 方案下数据的生存能力最强的情况,即 C 最小),这种情况下,P&XE 方案使用的 UVM 数量为 $2x$ 个。由图 6.26 可以看出,当分块数量增加时,为了获得同样的数据生存能力,P&XE 方案的存储开销(O)增加得相对平缓。

5. 引入的时间开销

由表 6.6 可以看出,数据恢复时间随着分组大小的增加或随着数据大小的增加而增加,这也符合常识。可以看到在分组数量为 10 时,1GB 数据的恢复时间在 $g = 10$ 的情况下是 70s,可以认为这个时间与用户为提升安全性而购置更多的虚拟机的花费相比是可接受的,即用户愿意花费一定的时间来进行数据恢复,而不是在购置虚拟机上花费更大的开销。

表 6.6　不同分组数量下数据平均恢复时间　　　　　　　(单位:s)

分块数量 g	数据分组				
	$x_i = 1MB$	$x_i = 16MB$	$x_i = 64MB$	$x_i = 256MB$	$x_i = 1GB$
2	0.026	0.24	1.04	4	14
3	0.039	0.36	1.56	6	21
4	0.052	0.48	2.08	8	28
5	0.065	0.6	2.6	10	35
6	0.078	0.72	3.12	12	42
7	0.091	0.84	3.64	14	49
8	0.104	0.96	4.16	16	56
9	0.117	1.08	4.68	18	63
10	0.13	1.2	5.2	20	70

6.5　本 章 小 结

本章从云服务提供商的角度考虑,提出了一种新的虚拟机放置策略。首先,介绍了该方案的威胁模型及安全假设。其次,对 SVMPP 方案设计进行了详细阐述,包括多目标优化的设计,以及 SVMPP 的虚拟机放置流程设计,并介绍了如何使用区块链对方案中使用的数据进行有效保护。然后,设计实验证明所提方案在抵御同驻攻击方面的有效性,证明该方案可以有效地减轻同驻攻击危害,并提升云环境的负载均衡能力,以及降低资源浪费。最后通过对现有云环境资费情况的调查,证明了所提方案的实用性。较现有虚拟机放置策略而言,本章所提方案在抵御同驻攻击方面的安全性更高,且同时优化云环境负载均衡能力及资源浪费。

本章从用户的角度考虑,提出低存储开销的数据分块备份方案——P&XE。

P&XE 方案通过数据分块及 XOR 备份,在同时满足用户数据安全性与生存能力的前提下,有效地降低了用户的存储开销。如果提升数据的生存能力,那么用户将最大化副本的数量,而这样则会使得用户数据被窃取的概率提升;反之,若要提升数据的安全性,则用户将最大化数据分块的数量,减少副本数量,而这样则会使得用户数据的生存能力降低。实验证明,P&XE 方案降低了用户的开销,同时解决了原有方案无法同时提升数据安全性及数据生存能力的问题。

参 考 文 献

[1] 段文雪, 胡铭, 周琼, 等. 云计算系统可靠性研究综述[J]. 计算机研究与发展, 2020, 57(1): 102-123.

[2] 田俊峰, 张永超. 基于改进期望值决策法的虚拟机可信审计方法[J]. 通信学报, 2018, 39(6): 52-63.

[3] 杨娜, 刘靖. 面向云应用系统的容错即服务优化提供方法[J]. 软件学报, 2019, 30(4): 1191-1202.

[4] 李杰, 张静, 李伟东, 等. 一种基于共享公平和时变资源需求的公平分配策略[J]. 计算机研究与发展, 2019, 56(7): 1534-1544.

[5] Prada I, Igual F, Olcoz K. Detecting time-fragmented cache attacks against AES using performance monitoring counters[C]. Conference on Cloud Computing and Big Data, La Plata, 2019: 3-15.

[6] Godfrey M, Zulkernine M. Preventing cache-based side-channel attacks in a cloud environment[J]. IEEE Transactions on Cloud Computing, 2014, 2(4): 395-408.

[7] Hlavacs H, Treutner T, Gelas J, et al. Energy consumption side-channel attack at virtual machines in a cloud[C]. 2011 IEEE 9th International Conference on Dependable, Autonomic and Secure Computing, Sydney, 2011: 605-612.

[8] Cleemput J, Sutter B, Bosschere K. Adaptive compiler strategies for mitigating timing side channel attacks[J]. IEEE Transactions on Dependable and Secure Computing, 2020, 17(1): 35-49.

[9] Wu J, Tseng Y, Huang S, et al. Leakage-resilient certificate-based signature resistant to side-channel attacks[J]. IEEE Access, 2019, 7: 19041-19053.

[10] Vattikonda B C, Das S, Shacham H. Eliminating fine grained timers in Xen[C]. Proceedings of the 3rd ACM Workshop on Cloud Computing Security Workshop, Chicago, 2011: 41-46.

[11] Wu J, Ding L, Lin Y, et al. XenPump: A new method to mitigate timing channel in cloud computing[C]. 2012 IEEE 5th International Conference on Cloud Computing, Honolulu, 2012: 678-685.

[12] Aviram A, Hu S, Ford B, et al. Determinating timing channels in compute clouds[C]. Proceedings

of the 2010 ACM Workshop on Cloud Computing Security Workshop, Chicago, 2010: 103-108.

[13] Shi J, Song X, Chen H, et al. Limiting cache-based side-channel in multi-tenant cloud using dynamic page coloring[C]. Proceedings of the 41st IEEE/IFIP International Conference on Dependable Systems and Networks Workshops, Hong Kong, 2011: 194-199.

[14] Zhang Y, Reiter M K. Düppel: Retrofitting commodity operating systems to mitigate cache side channels in the cloud[C]. Proceedings of the 2013 ACM SIGSAC Conference on Computer and Communications Security, Berlin, 2013: 827-838.

[15] Varadarajan V, Ristenpart T, Swift M. Scheduler-based defenses against cross-VM side-channels[C]. Proceedings of the 23rd USENIX Security Symposium, San Diego, 2014: 687-702.

[16] Sundareswaran S, Squcciarini A C. Detecting malicious co-resident virtual machines indulging in load-based attacks[C]. International Conference on Information and Communications Security, Beijing, 2013: 113-124.

[17] Zhang Y, Li M, Bai K, et al. Incentive compatible moving target defense against VM-colocation attacks in clouds[C]. IFIP International Information Security Conference, Heraklion, 2012: 388-399.

[18] 石勇, 郭煜, 刘吉强, 等. 一种透明的可信云租户隔离机制研究[J]. 软件学报, 2016, 27(6): 1538-1548.

[19] Azar Y, Kamara S, Menache I, et al. Co-location-resistant clouds[C]. Proceedings of the 6th Edition of the ACM Workshop on Cloud Computing Security, Scottsdale, 2014: 9-20.

[20] Han Y, Chan J, Alpcan T, et al. Using virtual machine allocation policies to defend against co-resident attacks in cloud computing[J]. IEEE Transactions on Dependable and Secure Computing, 2017, 14(1): 95-108.

[21] Afoulki Z, Bousquet A, Rouzaud-Cornabas, et al. A security-aware scheduler for virtual machines on IaaS clouds[R]. Orléans: Universite D'Orleans, 2011.

[22] Berrima M, Nasr A, Ben R, et al. Co-location resistant strategy with full resources optimization[C]. Proceedings of the 2016 ACM on Cloud Computing Security Workshop, Vienna, 2016: 3-10.

[23] Levitin G, Xing L, Dai Y, et al. Dynamic check pointing policy in heterogeneous real-time standby systems[J]. IEEE Transactions on Computers, 2017, 66(8): 1449-1456.

[24] Xing L, Levitin G. Balancing theft and corruption threats by data partition in cloud system with independent server protection[J]. Reliability Engineering and System Safety, 2017, 167: 248-254.

[25] Soofi A, Irfan K, Amin F. A review on data security in cloud computing[J]. International Journal of Computer Applications, 2017, 94(5): 95-96.

[26] Levitin G, Hausken K, Taboada H A, et al. Data survivability vs. security in information

systems[J]. Reliability Engineering and System Safety, 2012, 100: 19-27.

[27] Leistikow R, Tavangarian D. Secure picture data partitioning for cloud computing services[C]. Proceedings of the 27th International Conference on Advanced Information Networking and Applications Workshops, Barcelona, 2013: 668-671.

[28] Shaikh M, Achary A, Menon S, et al. Improving cloud data storage using data partitioning and data recovery using seed block algorithm[J]. International Journal of Latest Technology in Engineering, Management and Applied Science, 2015, 4(1): 50-58.

[29] Gullhav A, Cordeau J, Hvattum L, et al. Adaptive large neighborhood search heuristics for multi-tier service deployment problems in clouds[J]. European Journal of Operational Research, 2017, 259(3): 829-846.

[30] Levitin G, Xing L, Dai Y. Co-residence based data vulnerability vs. security in cloud computing system with random server assignment[J]. European Journal of Operational Research, 2018, 267(2): 676-686.

[31] 王海涛, 李战怀, 张晓, 等. 基于历史数据的虚拟机资源分配方法[J]. 计算机研究与发展, 2019, 56(4): 779-789.

[32] 李湘, 陈宁江, 杨尚林, 等. 感知应用特征与网络带宽的虚拟机在线迁移优化策略[J]. 通信学报, 2017, 38(Z2):147-155.

[33] Tziritas N, Loukopoulos T, Khan S, et al. Online live VM migration algorithms to minimize total migration time and downtime[C]. 2019 IEEE International Parallel and Distributed Processing Symposium, Rio de Janeiro, 2019: 406-417.

第 7 章　虚拟机迁移

7.1　虚拟机迁移概述

云计算是一种基于互联网的新 IT 服务增加、使用和交付的模式，通常利用互联网来提供动态易扩展服务，并且其服务方式常常是提供虚拟化资源[1]。自 IBM 于 2007 年提出云计算的概念以来，就受到阿里巴巴、腾讯、谷歌和亚马逊等国内外大型商业公司的重视[2]。发展至今，云计算及其服务在诸多领域都得到了广泛的应用，并创造出巨大的商业价值。根据《云计算发展白皮书 2022》[3]统计，2021 年全球公有云市场规模达到 3307 亿美元，增速为 32.5%，2022 年市场规模超过 4300 亿美元。2021 年我国云计算市场规模高达 3229 亿元，增速为 54.4%，其中公有云市场规模达到 2181 亿元，较 2020 年增长 70.8%，这表明全球云计算市场进入稳步增长态势，而我国的云市场保持高速增长态势。

云计算通过虚拟化技术组成计算资源池来解决大规模计算问题[4]。虚拟化是将系统资源进行抽象表示，并根据上层软件模块的需求，虚拟出一个或多个软件或硬件模块。虚拟化技术能够保证多个操作系统实例同时运行在一台物理机上，这些实例也称为虚拟机，虚拟机在相互隔离的虚拟环境中运行，统一由虚拟机监视器管理[5]。虚拟化为云计算提供可扩展服务，并且满足了动态资源调配的需求，促进了智能化系统的构建[6]。对于云服务提供商，用户可以根据自身实际需求在数据中心上任意部署虚拟机，这提高了数据中心的资源利用率并降低了运营成本。

随着用户数量的增加，数据中心的规模也在不断增长，对数据中心中虚拟机的管理成为一道难题[7]。出于负载平衡、网络流量管理、硬件维护、服务器整合等原因，有时需要将虚拟机从一台物理服务器动态迁移至另外一台物理服务器中。根据迁移距离的不同，虚拟机动态迁移分为局域网动态迁移和广域网动态迁移。

对于局域网内的动态迁移，通常是在一个数据中心使用共享存储系统，如存储区域网（storage area network，SAN）、网络附接存储（network attached storage，NAS）等[8]。源物理服务器和目标物理服务器均被赋予访问权限，因此在虚拟机动态迁移的过程中无须对操作系统镜像等共享数据进行迁移，目标物理服务器只需要从共享存储系统中拉取镜像数据即可。基于此前提，局域网中的虚拟机动态迁移只需要迁移内存数据即可，学者对其的研究也只局限在内存数据的迁移效率上。

广域网上的虚拟机动态迁移需要跨越不同的数据中心。相较于单数据中心内的动态迁移，虚拟机从一个数据中心迁移到另一个数据中心存在一些局限。首先，广域网环境不存在特定的共享存储系统，使得迁移数据量大大增加[9]。其次，不同数据中心的网络体系架构之间存在异构性[10]，即不同数据中心通常具备不同的网络配置方案。最后，数据中心之间的网络条件相比于局域网，面临着网络带宽较小、网络延迟不稳定、丢包率高等问题。因此，跨数据中心进行虚拟机动态迁移需要迁移大量的数据，并且迁移的效率受到网络体系结构的异构性及低带宽链路的影响，会严重依赖于网络性能。在网络拥挤的情况下，这些数据在传输过程中会存在丢失等问题。

因此本章着重研究跨数据中心虚拟机动态迁移的镜像信息共享架构，提出基于哈希图的虚拟机动态迁移方法，支持镜像信息以内容寻址方式的分布式存储。引入迁移代理主机对跨数据中心虚拟机动态迁移提供统一的管理，对迁移过程中虚拟机镜像重复数据删除技术进行优化并负责镜像的传输，从而减少总迁移时间，提高虚拟机动态迁移的效率。

7.2　研究现状和相关技术研究

在虚拟机动态迁移过程中，由于 CPU 状态信息和 I/O 设备状态信息的数据量很小，其时间开销通常忽略不计，因此动态迁移的内容主要包括内存数据迁移、存储数据迁移及网络状态迁移[11]。学者对虚拟机动态迁移的研究相应地分为如下三个部分：内存数据迁移、存储数据迁移和网络连接状态。本节首先从上述三个方面对国内外虚拟机动态迁移领域的研究现状进行阐述，其次介绍虚拟化相关技术的研究。

7.2.1　内存数据迁移

内存数据迁移通常有三个阶段：Push 阶段、Stop-and-Copy 阶段及 Pull 阶段[12]。Push 阶段是指虚拟机在源物理服务器上正常运行的同时，将内存数据完整地复制到目标物理服务器上。为了保证内存数据的一致性，虚拟机迁移过程中被修改的内存页面要重新传输。Stop-and-Copy 阶段，首先停止源物理服务器中的虚拟机，保证内存数据不再更改，同时将剩余内存数据一次性复制到目标物理服务器上。Pull 阶段，当目标物理服务器上的虚拟机发生缺页中断时，向源物理服务器上的虚拟机请求内存数据。Clark 等[13]和 Nelson 等[14]提出使用预复制技术来迁移虚拟机的内存数据，预复制技术只包括两个阶段，Push 阶段和 Stop-and-Copy 阶段，在 Push 阶段可设定一个最大迁移次数 N，除第一轮迁移整体内存数据外，下一轮仅迁移上一轮迁移过程中被修改过的内存数据。在迭代 N 次之后进入 Stop-and-Copy 阶段，保证内存数据不再变化，从而完成迁移。预复制技术最大限度地保证了停机时间和迁移时间之间的平衡，在诸多商业化的虚拟机软件中是理想的内存迁移方案，本章采用的方法也是此类方法。

针对预复制技术的优化层出不穷。Ibrahim 等[15]研究发现，在内存变化率较高的情景下预复制技术的效率不能满足动态迁移的需求，同时提出一种控制内存变化率以适配预复制技术速率的方法以解决这类问题。Wu 等[16]针对预复制技术的停机时间进行了优化，提出一种内存预测机制，根据内存脏页率来预测启用内存迁移的最佳时机，进而减少不必要的迁移，缩短了总迁移时间。

除了预复制技术外，Hines 和 Gopalan[17]提出后复制技术用于最小化总迁移时间。后复制技术由 Stop-and-Copy 和 Pull 两个阶段组成，即首先停止源物理服务器中的待迁移虚拟机；其次复制虚拟机的内存数据、I/O 状态信息等基本信息到目标物理服务器上；然后开启目标物理服务器上的虚拟机；最后，若运行过程中发生内存缺页便向源物理服务器中的虚拟机寻求目标内存页。为了减少目标物理服务器上的内存页面错误和缩短总迁移时间，Hines 和 Gopalan[17]设计了四种优化机制加速内存页面的传输：按需分页、主动推送、预分页和动态自扩展，这增加了后复制技术的可用性，也保证了最短总迁移时间。

为了减少传输的总数据量，针对内存数据的压缩技术也是研究的重点。然而，压缩技术是计算密集型应用，因此理想的压缩技术必须能在计算开销和迁移效率收益之间达到平衡。Jin 等[18,19]提出一种基于数据特征的压缩(characteristic-based compression，CBC)算法，CBC 能够根据内存数据的相似特征选择自适应的压缩算法，相似度高的内存页面使用快速压缩算法(如 WKdm[20])来保证压缩速度，相似度低的内存页面使用高压缩率算法(如 LZO(Lempel-Ziv-Oberhumer)[21])来保证压缩质量。相似度的阈值也可以自行调节，以适应具备不同内存脏页率的虚拟机。Hacking 和 Hudzia[22]使用增量压缩技术来缩短大型企业级应用程序的虚拟机迁移时间，这些应用的内存通常高达数十吉字节，并且内存的脏页率很高。Patel 等[23]使用自回归差分移动平均模型(autoregressive integrated moving average model，ARIMA)对内存数据迁移过程中的脏页进行预测，并提出一种基于最近最少使用(least recently used，LRU)堆栈距离的增量压缩算法，通过预测和压缩结合的方式，实现了高脏页率情境下的高效内存数据迁移。

在虚拟机中，内存中存在大量的重复数据[24,25]，因此对重复数据的删除也可以减少传输的数据量，提高迁移效率。重复数据的产生可能来自空白数据，也可能是由于虚拟机中包含相同应用程序或者系统库。Riteau 等[26,27]设计出动态迁移系统 Shrinker，Shrinker 是基于内容的分布式寻址系统，通过对内存页进行哈希索引以减少待迁移虚拟机与目标站点虚拟机之间的重复数据传输。但是，在内存变化率较高的情境下，内容重新索引的代价较高。Zhang 等[28]研究发现，使用模板创建的虚拟机之间有大量重复内存数据。为了减少此类数据对迁移效率的影响，基于内容页面的共享机制(content based page share，CBPS)[29]被广泛地应用。基于此，Zhang 等[28]

设计出基于元数据的迁移系统 Mvmotion，Mvmotion 利用 CBPS 技术使待迁移虚拟机与目标物理服务器上的虚拟机共享内存的重复数据，以保证迁移的高效性。Li 等[30]与 Zheng 和 Hu[31]提出一种基于模板的动态迁移机制。若内存页面在数据中心出现 N 次，则被判定为模板内存页面，模板内存页面以分布式哈希表的形式保存，传输重复数据时只需传输与其相同的模板页面，然后由目标数据中心构建此重复页面。

7.2.2　存储数据迁移

存储数据迁移和内存数据迁移类似，因此一些内存数据迁移的方法同样适用于存储数据迁移，如重复数据删除、压缩技术等。但是，存储数据的传输也有其挑战。首先，存储数据迁移通常发生在两个数据中心之间，跨数据中心的网络带宽受多种因素的影响。其次，存储数据量通常较大，大小范围从几十吉字节到几百吉字节不等。因此，存储数据迁移过程对数据的一致性和安全性传输提出更高的要求，针对此类情景，研究人员也提出了一些特殊优化。

存储数据的传输通常包括两种类型：同步传输和异步传输，两种类型各有优缺点[32]。同步传输可以保证源物理服务器和目标物理服务器的数据一致性，在传输过程中也不会出现数据丢失、损坏等问题。因此同步传输适用于对迁移安全性有较高要求的应用程序。但是，若应用程序频繁地进行 I/O 操作，会导致迁移效率降低和服务性能下降。相反，异步传输无须等待目标物理服务器的响应，因此不会影响服务的性能，批量写操作和流水线机制也可以缩短传输时间。但是当源物理服务器在迁移过程中发生异常时，异步传输的数据可能会丢失。Ramakrishnan 等[33]提出在传输存储数据过程中进行异步写入操作，并在传输完毕后改为同步写入操作，以这种方式平衡了同步传输和异步传输的优缺点。Liu 等[34,35]利用写时拷贝(copy-on-write，COW)技术将虚拟机的存储数据分为两层：基本镜像数据和 COW 镜像数据。虚拟机的根文件系统数据存储在仅开放只读权限的基础镜像中，正在运行的虚拟机数据存储在 COW 镜像中。在迁移正式开始前将基本镜像数据异步传输到目标物理服务器，再将 COW 镜像数据进行同步传输。但是当 COW 镜像数据较大时，迁移时间便会较长。Zhou 等[36]从用户感知、物理服务器耗损和可管理性等多个角度讨论了异构网络下存储数据迁移对虚拟机动态迁移的影响，并针对多种情景设计出三个迁移策略：最小化冗余(low redundancy，LR)、最小化源数据冗余(source-based low redundancy，SLR)及异步镜像 I/O(asynchronous I/O mirroring)操作，这三个策略的实现降低了存储数据迁移的传输成本。

类似于内存数据，不同的虚拟机镜像也存在重复数据[37,38]。因此存储数据迁移也可以通过重复数据删除来减少数据的传输量。Zhang 等[39]提出将虚拟机镜像数据分为三层：操作系统(OS)层、工作环境(working environment，WE)层及用户数据(user data，UD)层。三层镜像架构增强了虚拟机之间的数据共享，提高了数据重复利用的效率。在此基础之上，Zhang 等[40,41]提出中央存储库的概念，为不同的数据中心部署和存储虚拟机的基本镜像。

Bose 等[42,43]提出在不同数据中心备份多个虚拟机镜像，然后选择其中一个作为主镜像，对于镜像的修改全部反映在主镜像中，然后定期地将主镜像的修改数据同步给其他备份镜像，这种机制减少了存储数据的迁移开销。Yang 等[44]提出将虚拟机基本镜像数据定期迁移到目标数据中心的共享数据库中，在进行动态迁移时直接从共享数据库拉取镜像数据，以此减少存储数据对迁移效率的影响。但是由于基本镜像大多数都不同，因此造成数据中心的存储资源浪费。

7.2.3　网络连接状态

由于不同数据中心的网络架构不同，因此虚拟机动态迁移中维持网络连接状态是重要的研究方向。当虚拟机迁移到新的数据中心后，其所需的网络连接参数常常会发生变化，这就需要一些方法来维持网络状态的连续性。

CloudNet[45]将多个数据中心规划为一个虚拟云池(virtual cloud poll，VCP)，使用基于多协议标签交换(multi-protocol label switching，MPLS)的虚拟专用网(virtual private network，VPN)为数据中心创建专用抽象网络，并且使用虚拟专用局域网服务(virtual private LAN services，VPLS)将多个 VCP 连接到同一个局域网中，以保证网络的通用性。Jiang 和 Xu[46]提出一种基于应用层的虚拟网络架构，在该网络架构上创建覆盖基础设施的虚拟互联网络(virtual internetworking on overlay infrastructure，VIOLIN)，VIOLIN 具备虚拟的 IP 地址空间，在此架构下，虚拟机的迁移不影响网络连接性能。Nagin 等[47]设计出虚拟应用网络(virtual application network，VAN)，并将复杂的应用程序封装到虚拟网络中，拥有相同应用程序的虚拟机可以隶属于不同数据中心，若在 VAN 内迁移虚拟机，可以保证网络连接的连续性。Snoeren 等[48,49]基于动态域名系统(domain name system，DNS)设计出专用迁移的 TCP 通道，并设计出细粒度的连接故障转移机制，此方案可以应用于虚拟机动态迁移的网络状态切换。

7.2.4　相关技术研究

1. 虚拟化概述

本节将从虚拟化概念、虚拟机监视器和基于内核的虚拟机(kernel-based virtual machine，KVM)虚拟化技术三个方面来介绍虚拟化。

1)虚拟化概念

虚拟化是指利用软件技术在一台物理主机上创建多个 IT 服务资源，各个 IT 服务资源相互隔离，在各自的内存空间中运行，共享物理资源而互不干扰，实现物理主机和 IT 服务资源的解耦化。根据 IT 服务资源类型的不同，虚拟化可以分为服务器虚拟化、应用程序虚拟化和网络虚拟化等。

服务器虚拟化是指 IT 服务资源为服务器的虚拟化,物理主机中可以创建多台服务器，每台服务器中运行特定的操作系统，执行不同的应用或任务。应用程序虚拟化是对 IT 服务资源的进一步细化，实现应用程序和操作系统之间的解耦，保证一个操作系统中可以运行多个相同应用程序并相互隔离。网络虚拟化是指将网络带宽虚拟出多个带宽通道，按需分发给服务器，保证网络带宽资源的充分利用。

云计算服务的核心技术之一便是虚拟化。云计算服务中虚拟化的特点主要表现为，在物理硬件资源池中按需创建具备不同操作系统的虚拟机，硬件资源共享，软件应用相互隔离，物理硬件资源池的扩展不影响虚拟机的运行，在硬件发生异常时能够及时地将虚拟机迁移到其他物理资源池中。鉴于上述特点和优势，服务器虚拟化是云计算服务中最常用的技术，本节也将对服务器虚拟化相关技术展开阐述。

2) 虚拟机监视器

虚拟机监视器(virtual machine monitor，VMM)[50]运行在物理主机和操作系统之间的软件中间层，主要用于创建和管理虚拟机。虚拟机监视器访问物理主机的硬件资源并为虚拟机提供服务，对物理资源进行合理分配，保证资源的充分利用，并且能对虚拟机进行动态迁移，保证虚拟机的正常运行。虚拟机监视器将 CPU、内存、存储和网络等进行虚拟化，为每台虚拟机提供相应的虚拟硬件资源，每个虚拟机的操作系统构建在虚拟硬件资源的基础之上。当虚拟机需要对硬件资源进行扩容时(如增加内存容量)，由虚拟机监视器进行统一调度。不同虚拟机监视器的实现架构各有不同，但大体分为如下三种类型：裸金属架构、宿主架构及混合架构。

裸金属架构是企业级虚拟化产品最常用的架构，如图 7.1 所示，裸金属架构中虚拟机监视器直接运行在物理硬件资源之上，具有管理物理资源的能力，向虚拟机

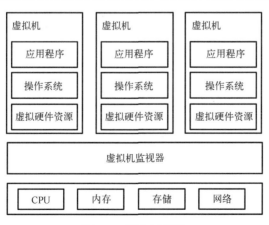

图 7.1 裸金属架构

提供高性能计算能力，并拥有安全的隔离性和灵活的扩展性。但是由于硬件资源的多样性，需要针对不同硬件开发相应的驱动程序，难度较大。目前使用裸金属架构的虚拟机监视器包括 VMware ESX Server、KVM 等。

宿主架构如图 7.2 所示，它是指由宿主机操作系统管理物理硬件资源，而虚拟机监视器作为软件运行在宿主机操作系统上，虚拟机监视器通过调用宿主机操作系统的接口获取虚拟硬件资源。宿主架构的优势在于实现简单，只需开发一个软件即可，无须适配硬件设备驱动。但是虚拟机受操作系统限制，并且虚拟机的运行依赖于宿主机操作系统，性能会降低，无法利用全部的硬件资源。目前使用宿主架构的虚拟机监视器有 VMware Workstation。

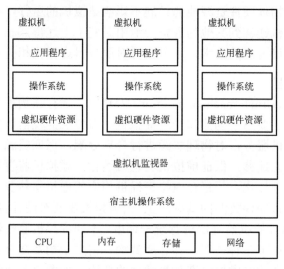

图 7.2　宿主架构

混合架构如图 7.3 所示，是指将操作系统内核进行虚拟化，允许用户空间应用被分割成多个独立的实例在内核中运行，这个过程称为操作系统虚拟化或容器化，生成的实例称为容器。容器是轻量级的虚拟机，占用的物理资源较少，并且对物理

图 7.3　混合架构

资源的利用具有高弹性的特点，这意味着容器能够动态地使用资源，被释放的资源能够快速提供给其他容器使用。目前常见的基于混合架构的虚拟机监视器有 Xen。

3) KVM 虚拟化技术

基于内核的虚拟机(KVM)是基于内核的开源虚拟化解决方案，自 Linux 内核版本 2.6.20 后便集成在 Linux 内核中。KVM 需要支持硬件虚拟化扩展的处理器进行辅助(如 Intel VT、AMD V)。

KVM 架构图如图 7.4 所示。KVM 是 Linux 内核的一个模块，Linux 内核提供服务接口供系统去加载 KVM，进一步创建虚拟机。在 KVM 中，每一个虚拟机都是 Linux 的进程，由 Linux 系统进行统一调度。虚拟机中的虚拟硬件资源均由线程控制，这使得 KVM 能够使用 Linux 内核的所有功能。但是用户无法直接在 Linux 内核空间进行操作，只能借用运行在用户空间的硬件来模拟软件。快速仿真器(quick emulator，QEMU)是硬件模拟工具，运行在用户空间，通过 IOCTL 系统函数和内核空间中的 KVM 进行交互，完成对硬件 I/O 设备虚拟化的支持。KVM-QEMU 是在 QEMU 的基础上开发的，可以支持虚拟机的创建和运行。

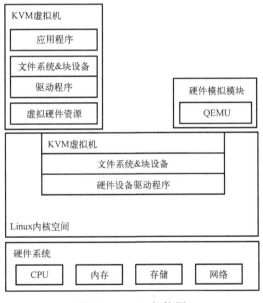

图 7.4　KVM 架构图

2. 虚拟机动态迁移

随着云计算服务的发展，虚拟机迁移技术成为云计算服务的核心部分。当数据中心有的物理服务器负载较高或物理服务器发生异常时，在不关闭虚拟机的前提下将其中的虚拟机迁移到负载较低的物理服务器上，这种迁移可以在数据中心内部各物理服务器之间进行，也可以在不同数据中心之间进行。

虚拟机迁移过程分为两类：静态迁移和动态迁移。静态迁移首先在源物理服务器上挂起虚拟机，暂停虚拟机的一切活动，然后将待迁移虚拟机的内存数据、镜像存储数据及网络状态信息迁移到目标物理服务器中，最后由目标物理服务器恢复虚拟机的运行状态。静态虚拟机迁移过程中会暂停虚拟机的运行，导致用户服务中断。相反，动态迁移允许虚拟机在无须挂起的前提下进行迁移，保证用户的应用服务正常运行，迁移过程对用户来说是透明的。因此动态迁移技术成为管理数据中心的重要手段，能够有效地解决负载均衡、节能减排等难题。

1）预复制技术

预复制技术[13]是目前虚拟机动态迁移中内存数据迁移的主要方法，由于预复制技术的高效性，Xen、KVM 和 VMware 等大多数商业化虚拟机监视器软件都将该方法作为动态迁移的主要技术。预复制技术主要包括三部分，内存数据完整传输、脏页迭代传输及停机传输。图 7.5 为预复制技术的整体流程。

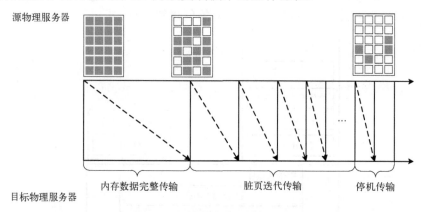

图 7.5　预复制技术的整体流程

首先，虚拟机监视器在目标物理服务器中预留虚拟机所需资源，并保证其网络配置正常，然后开始预复制过程。

在内存数据完整传输阶段，虚拟机监视器将虚拟机的内存数据完整传输到目标物理服务器中，在此过程中虚拟机正常运行，同时虚拟机监视器监控内存的变化，将新变化的内存页标记为脏页。

在脏页迭代传输过程中，每一轮迭代都会将脏页传输到目标物理服务器中，覆盖掉先前的内存页面。在每一轮迭代中，虚拟机监视器持续监视内存的变化。一般情况下，随着迭代次数的增加，新产生的脏页数量也会减少，传输脏页的时间会减小。当脏页数量达到预定阈值或迭代次数达到规定阈值时，迭代传输过程结束，进入停机传输阶段。

停机传输阶段会暂停虚拟机的运行,将剩余脏页和虚拟机的工作状态传输到目标物理服务器中,最后启动目标物理服务器中的虚拟机。若在传输过程中出现异常致使迁移失败,则虚拟机继续在源物理服务器中恢复运行,若迁移成功,则源物理服务器销毁虚拟机资源。预复制技术具备如下优点。

(1)源物理服务器在整个过程中都保持内存的最新数据状态,直到迁移过程完成,具备较高的安全性和可靠性。

(2)迁移过程可以被中止,即使迁移过程被中断也能保证虚拟机在源物理服务器上的正常运行。

(3)预复制最大限度地降低了停机时间,能够保证虚拟机动态迁移过程对用户的透明性。

预复制技术也存在不足,如当内存变化率较大时,脏页传输数据量增加,时间开销加大,迭代次数会增加,总迁移时间会逐渐增加,网络资源的负担加重。

2)重复数据删除技术

随着虚拟机承担的负载越来越重,在迁移过程中传输的数据逐步增大,云服务提供商逐渐使用重复数据删除技术来提高迁移效率。重复数据删除技术可以提高存储效率,对迁移数据进行压缩,减少网络数据传输量。本节将重点介绍重复数据删除的原理和应用。

重复数据删除的主要过程是将系统资源的重复数据进行索引,并构建元数据记录重复数据的逻辑结构,在虚拟机迁移过程中仅对索引指向的数据传输一次,待数据传输完毕后通过元数据重新构建系统资源。重复数据删除技术对于存有大量数据的系统具有重要意义,如云计算服务中的容灾备份系统、网络同步系统等。这些系统数据变化率较高,而且存在大量重复数据。

重复数据删除技术有三个步骤:数据切块、计算哈希指纹、指纹索引检测。

步骤 1:数据切块。根据粒度类型可以将文件切块为固定长度数据块和可变长度数据块。固定长度切块方式实现简单,系统开销低。但是当内存中发生插入或删除操作时,内存块的位移会导致去重能力下降,如图 7.6 所示。可变长度切块利用滑动窗口的方式划分数据,通过窗口数据的哈希值与预设进行比较,划定数据切块的边界,内存中的插入删除操作对可变切块方式影响较小,但是其计算开销较大,加重了物理主机的负担。

步骤 2:计算哈希指纹。在数据切分后要计算哈希值并将其作为指纹进行索引。目前常用的哈希算法有 MD5、SHA-1、SHA-256 或 SHA-512 算法等,MD5 算法是密码散列函数,也称为信息摘要算法,可以作为文件块的唯一标识。SHA 系列算法称为安全散列算法,相对于 MD5,SHA 算法更不易受到密码强行攻击的影响,但计算速度会稍慢。

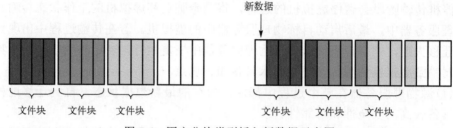

图 7.6　固定分块类型插入新数据示意图

步骤 3：指纹索引检测。在指纹库中检索，判断是否存在当前数据块，若存在，则构建相应元数据，并删除重复数据；若不存在，则将指纹注册到指纹库中。

重复数据删除不仅可用于内存数据的迁移，也可用于存储数据的迁移中。在迁移过程中，使用重复数据删除技术的优点是可以减少数据的传输量，但是，这种方法需要在计算成本和迁移优势之间进行权衡。当使用重复数据删除时，首先，在源站点与目标站点之间对待传输的数据进行比较；其次，计算站点间传输数据的哈希值。根据数据切块的大小，可以控制站点间相似数据量，切块越小，相似数据则越多，但是计算开销和元数据的存储开销越大，因此设定一个合理的切块大小是至关重要的。

3. 虚拟机镜像结构

在数据中心中，不同的虚拟机可能使用了相同的操作系统或相同的应用程序[51]。为了避免操作系统和应用程序重复部署，提高虚拟机之间的数据共享程度，Zhang 等[39]提出，使用写时复制技术将虚拟机镜像进行细粒度划分，以三层结构的形式进行部署，如图 7.7 所示，将虚拟机镜像划分为操作系统(OS)层、工作环境(WE)层和用户数据(UD)层。

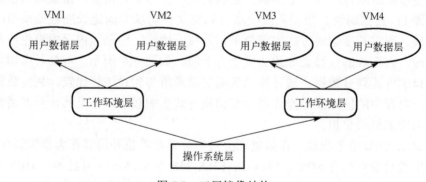

图 7.7　三层镜像结构

三层镜像结构使用 OS 镜像作为支持文件，应用程序部署在 WE 层。OS 层和 WE 层都作为 UD 层的基本镜像运行，并且在整个生命周期中，OS 层和 WE 层的数据保持只读状态。基本镜像的修改被重定向到 UD 层。利用这种结构，虚拟机之间具有高相似度的数据(OS 层和 WE 层基本镜像)保持不变，具有低相似度的数据存储在 UD 层中。

其中，相似度概念可举例解释为，假设镜像 A 的总大小是 1000，镜像 B 的总大小是 1200，镜像 A 中有 500 个块 C，镜像 B 中有 300 个块 C。在比较 A 和 B 时，A 得到的相似度为 0.5(50%)，而 B 得到的相似度为 0.25(25%)。

若两个虚拟机的镜像需要相同的操作系统和不同的工作环境，则不需要再为此创建两个相同的虚拟机镜像。每种操作系统和工作环境只需创建一次，不同的工作环境可以依赖于相同的操作系统，此结构避免了镜像数据的冗余存储。考虑三层镜像结构的高效性，本节虚拟机镜像的存储借鉴了这种结构。

4. 哈希图技术

哈希图[52]是由 Swirlds 团队开发的一种已申请专利的解决方案，是一种分布式记账技术。通过哈希图技术加固的存储数据具有不可篡改和无法窃取的特性，任何交易都有完整的证据链和可信的追溯环节。哈希图不依赖于第三方，而是通过自身分布式节点进行网络数据的存储、验证、传递和通信的，解决了传统互联网交易中第三方中介运营成本过大、安全性不高的问题。

本书将利用哈希图提供分布式存储服务，为各数据中心存储池(storage pool，SP)中的基础镜像保留副本，将其存储在由各数据中心的代理主机搭建的哈希图框架中。该架构解决了跨数据中心虚拟机动态迁移的许多难点，如重复数据删除、恶意数据篡改、带宽瓶颈等问题。另外，哈希图技术允许用户使用文件系统存储信息，只有被授予权限的人才能对存储的信息进行删除等操作，因此，信息不存在丢失的风险。

1)共识机制

哈希图共识机制包括两个主要部分：八卦协议[53]和虚拟投票。

首先，八卦协议是哈希图用来传播信息的协议。哈希图社区中的节点为互联网上的计算机，每个节点都会将自身事件随机传播给邻居，邻居将接收到的事件与从其他节点收到的信息汇聚成新的事件，再次随机反复地传播给邻居节点。由于八卦协议的快速收敛性，每条信息都可以很快地传播给哈希图中每个节点，如图 7.8 所示。

图 7.8 中初始五根虚线表示五个成员，成员之间使用八卦协议进行通信。当 A 收到 B 随机传来的事件(节点 2)时，A 便创建一个新的事件(节点 3)记录本次通信，该事件包括 B 的交易时间、交易记录和两个事件的哈希值：A 成员最新事件(节点 1)和 B 传来的事件(节点 2)的哈希值。换言之，新事件引用了上一个事件和创建事件

成员的当前最新事件，以此形成了一个由哈希值连接的有向无环图。该过程循环往复，形成了哈希图。

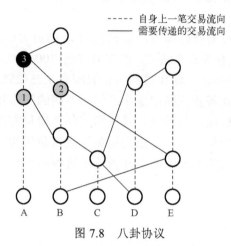

图 7.8　八卦协议

哈希图使用虚拟投票决定事件的共识顺序。虚拟投票是指事件在哈希图社区中传播后，哈希图会对社区中所有的已知事件计算其被创建的轮次，确定当前节点是否为当前轮次的见证人，见证人节点在本地投票选举出知名见证人。知名见证人可以确定所有事件被接受的轮次，同时通过接受轮次和共识的时间戳，在本地进行虚拟投票。在分布式系统中，一个核心问题就是，如何保证集群中所有节点的数据完全相同并且对某个提案达成一致。共识机制便是用来保证分布式系统一致性的方法。共识机制一定要满足以下三点。

(1)终止性：所有正常运作的节点最终会在有限步数中结束并做出决定。

(2)一致性：如果所有进程都提议相同的决定值，那么所有正确进程都应该选择该值。

(3)有效性：最终达成一致的决定必须是其他进程提交值中的某一个。

著名的拜占庭将军问题[54]就是对共识机制最高要求的解答，哈希图的共识机制实现了异步拜占庭容错(ABFT)共识。它通过八卦协议使消息在网络中快速传播并且消耗的带宽几乎为零，同时节点在本地进行虚拟投票，这就将共识所需的动态通信要求降到了最低，这个特性使得在不同数据中心间建立一个动态的去中心化分布式系统成为可能。

2)存储机制

哈希图的文件系统允许用户存储信息，并就确切存储的内容达成共识。最终哈希图社区中的每个节点都存储相同的文件，文件被自动地以 Merkle Tree 的形式存储。在哈希图中，不仅存储 Merkle Tree，也存储 Merkle DAG。这意味着如果两个文件有相同的数据块,只存储一个公共数据块的副本即可。在本书中,以 Merkle DAG 的形式对镜像的散列信息进行存储,从而避免跨数据中心迁移虚拟机时对镜像数据的重复数据删除计算带来的开销。

3) 哈希图的优势

哈希图的优势主要包括三个方面。

(1) 信息可靠性和一致性。哈希图中所有节点都是对等的,只要社区中的不良节点数少于 1/3,哈希图就可以在数学上保证所达成的共识是正确的[52]。哈希图节点在本地进行虚拟投票,为去中心化分布式系统的数据一致性提供了新的解决方案,它是一种对用户透明的一致性算法,并且具有更加快速、公平的特性。在本书中利用这一优势可以保证每个节点在本地存储的镜像散列信息是一致的和正确的。

(2) 安全性。哈希图共识算法实现的是异步拜占庭容错,继承了其抵御分布式拒绝服务攻击的弹性[54]。

(3) 低延迟。哈希图使用虚拟投票的方式达成共识,所需的带宽仅仅是发送签名和事件,可在秒级达成共识,这使得它非常适合应用于带宽较小的广域网环境,也更适用于数据中心间快速高效的镜像信息共享。

7.3　基于哈希图技术的跨数据中心虚拟机动态迁移方案

在跨数据中心情景下进行虚拟机动态迁移,除了考虑内存数据迁移的效率和停机时间的最小化,还要考虑虚拟机镜像等存储数据的传输,并兼顾广域网中的网络性能,因此,跨数据中心虚拟机动态迁移成为一个研究重点和难点。本节提出基于哈希图技术的跨数据中心虚拟机动态迁移方案 H-Gmig,对该方案的总体设计进行阐述、结合现有方案进行对比和分析,并对该方案中各个模块的设计进行描述。

7.3.1　方案设计

每一台虚拟机都存在与之对应的镜像文件,镜像文件的存储方式一般分为两种:本地存储和共享存储。本地存储是指将镜像文件保存在各自虚拟机中,这种方式使得多个相同镜像存储在不同虚拟机中,浪费了存储资源,并且不利于虚拟机监视器对镜像文件的管理。共享存储是指在数据中心中创建共享存储池,将镜像文件集中保存在共享存储池中,位于同一数据中心内的主机均可以通过存储区域网(SAN)或网络附接存储(NAS)高效访问共享存储池中的镜像文件。由于各主机之间的网络连接不受地理位置因素的影响,在数据中心内部通常使用共享存储的方式来部署虚拟机,以此来实现大量镜像数据共享。

H-Gmig 在各数据中心内保留共享存储池(SP)来存放虚拟机镜像,实现数据中心内部的虚拟机镜像管理。但是，跨数据中心情景下若继续使用 SP 进行虚拟机动态迁移，当数据中心内部对 SP 进行频繁访问时，可能会导致待迁移虚拟机的 I/O 性能降低，加上广域网中网络延迟不稳定的影响，镜像数据的传输速率无法得到保障。因此，H-Gmig 在保留 SP 的同时，为各数据中心建立迁移代理主机(migration agent，MA)来存放 SP 中虚拟机镜像的备份和散列值，以支持跨数据中心虚拟机动态迁移的高效性。

H-Gmig 的结构如图 7.9 所示。操作系统和应用程序的镜像文件部署在本地数据中心 SP 内，用户下载并使用它们作为基本镜像来部署虚拟机(VM)。虚拟机的镜像部署为 7.1 节中所述的三层镜像结构，以尽可能地减少基本镜像的重复存储。

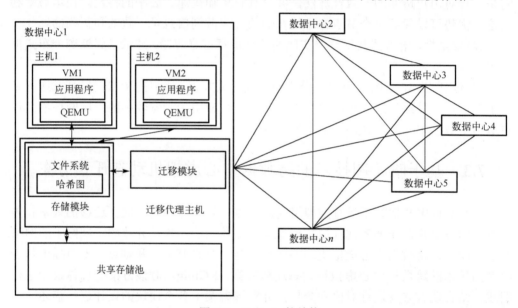

图 7.9　H-Gmig 的结构

为各数据中心引入 MA 专门负责提供跨数据中心迁移虚拟机的服务。MA 存储本地数据中心 SP 中的虚拟机镜像备份和散列值，同时利用哈希图技术去中心化的特点，构建基于内容寻址的高效分布式存储框架。该框架可以实现虚拟机镜像散列在全网的动态共享，提高了镜像的迁移效率并解决了镜像存储在第三方易被恶意篡改的问题。

在 H-Gmig 中，每一台 MA 都被认作哈希图社区中的一个节点。哈希图各节点运行共识算法后所达成的一致性属于最终一致性，即只要哈希图社区中超过 2/3 的 MA 对镜像散列的存储达成一致，即可视为在全网中达成一致。哈希图还可以进行定期更新，以便各 MA 在其本地及时拥有最新的哈希图副本。

7.3.2　方案分析

H-Gmig 可作为一种折中的方法,具有以下优点。

(1)在不增加迁移时间的前提下,可以对在迁移过程中的重复数据删除计算进行优化。

(2)避免第三方存储可能带来的潜在的安全问题。

(3)在共享虚拟机镜像散列时无须额外消耗网络带宽,哈希图技术可以较好地适用于现有的带宽较小的广域网链路。

7.3.3　迁移代理主机设计

为了在数据中心之间进行虚拟机的动态迁移或共享虚拟机镜像,H-Gmig 为各数据中心设置一台 MA。数据中心内部的布局如图 7.10 所示,MA 通过网络设备与数据中心内其他设备相互连接。MA 由存储模块(storage model)和迁移模块(migrate model)两部分组成,具有以下四个功能。

(1)通信功能。数据中心之间可以通过各自的 MA 进行通信。

(2)监控功能。MA 负责监控并收集本地数据中心各物理主机的运行状态(包括硬盘、CPU 使用情况等)。

(3)存储功能。MA 可以存储本地共享存储池中所有虚拟机镜像的备份及镜像的散列值等信息。

(4)辅助迁移功能。跨数据中心进行虚拟机动态迁移时,MA 可以协助源主机传输基本镜像。

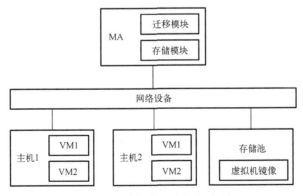

图 7.10　数据中心内部的布局

MA 实现存储功能和辅助迁移功能的工作流程如图 7.11 所示,步骤①表示,新建虚拟机后,在全网共享镜像散列信息。源主机向 MA 发送存储请求,MA 存储模块将镜像分成固定大小的数据块,并使用 SHA-1 加密散列函数计算每块数据的散列值。MA 负责将该散列值构建成事件向社区中其他 MA 进行八卦传播，最终社区中所有 MA 都将存储该镜像的散列。

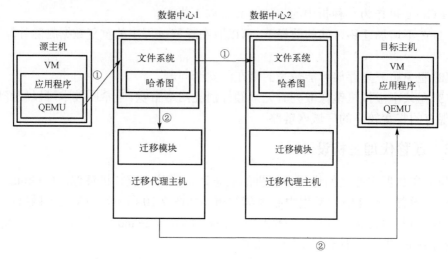

图 7.11　MA 实现存储功能和辅助迁移功能的工作流程

镜像散列存储在哈希图底层文件中，MA 可以快速地查找各镜像间的相同散列，计算并存储各镜像散列的相似度。SP 中镜像的备份、各基本镜像的散列和其映射关系及各镜像之间的相似度信息都存放在 MA 的存储模块中。

步骤②表示 MA 源主机发出迁移请求后，迁移模块为目标主机准备迁移所需要的镜像。

1. 存储模块设计

虚拟机被创建时或数据中心内动态迁移虚拟机时，需要拉取 SP 中的基本镜像（OS 层镜像和 WE 层镜像），同时，虚拟机运行时，操作系统和工作环境（即软件程序）也是被频繁访问的数据。若使用 SP 中的虚拟机镜像来支持跨数据中心虚拟机迁移，可能出现多个虚拟机对基本镜像进行频繁随机读取的现象。而磁盘的性质决定了在同一时刻，只能由一个磁头对数据进行读写，无论有多少 I/O 请求，各个虚拟机的 I/O 请求都需要排队等待顺序服务，这可能会影响虚拟机的 I/O 性能，造成跨数据中心虚拟机动态迁移效率的降低。

因此，由 MA 的存储模块来存放虚拟机镜像备份及镜像的散列值等信息用于跨数据中心虚拟机动态迁移。将虚拟机的基本镜像等信息进行备份，不仅可以减少对 SP 的 I/O 请求，降低跨数据中心虚拟机动态迁移时出现 I/O 瓶颈的可能，也防止因 SP 中镜像损坏造成所有依赖此基本镜像的虚拟机全部异常的现象发生。

在 H-Gmig 中对于镜像的备份使用主动备份方法，其可以根据管理员设置的备份策略自动触发。步骤如下所示。

步骤 1：检测虚拟机基本镜像（OS 层和 WE 层）是否已经存在于 MA 存储模块中。虚拟机基本镜像在备份前必须进行检测，防止备份镜像的二次传输。假如两个虚拟机使用了相同的基本镜像，当某一个虚拟机的基本镜像已经被传输到 MA 时，使用相同基本镜像的虚拟机则不需要传输该镜像，但是需要 MA 存储模块对该镜像进行标注，添加依赖信息，如虚拟机名称、虚拟机 ID 及虚拟机位置等。

步骤 2：如果当前基本镜像没有备份过，那么 MA 与 SP 建立连接并传输基本镜像，由 MA 计算并保存该基本镜像的指纹、与其他镜像的相似度等信息。镜像传输完成后，检测镜像在传输过程中是否损坏。通过对比 SP 中镜像指纹与 MA 中备份的镜像指纹是否相同来判别是否传输镜像文件。

步骤 3：基本镜像传输完成后，更新 MA 存储模块中的备份表，即本次备份的相关信息，如备份镜像 ID、镜像的名称、镜像的大小、镜像所属虚拟机、镜像指纹和备份时间等。

2. 迁移模块设计

MA 迁移模块的功能主要包括两部分：一是为待迁移虚拟机选择目标节点；二是当迁移开始后，由迁移模块负责收集镜像信息。

当管理者选择好待迁移的虚拟机后，需要为这些虚拟机选择合适的目标主机。此时，迁移模块将遍历本地哈希图，寻找与待迁移虚拟机镜像相似度高的数据中心，并维护一个哈希表来保存数据中心 ID 与相似度值。本书优先考虑将虚拟机迁移至具有较高镜像相似度的数据中心，这是由于相似度越高，迁移时传输的镜像数据量越小，迁移时间越短。

选择好相应的数据中心后，需要在目标数据中心为待迁移虚拟机选择合适的目标服务器。本节将选择目标服务器的过程视为多准则决策（multi-criteria decision making，MADM）问题，采用 TOPSIS（technique for order preference by similarity to an ideal solution）[55]法来寻找问题的最优解。TOPSIS 法可以看作选择与正理想解（positive ideal solution，PIS）有最短欧氏距离并且与负理想解（negative ideal solution，NIS）有最长欧氏距离的一组解，将得到的这组解进行排序，选出一个最优解。以下为 TOPSIS 法的过程。

首先，定义效用函数，将效用函数的值域定义为[0,1]。

效用函数 1：用于反映虚拟机的 CPU 使用率对迁移的影响。

$$E(C) = \frac{1}{1 + \mathrm{e}^{u_C - u_{\mathrm{high}}}} \tag{7.1}$$

$$\left| \Delta E(C) \right| = \left| E(C') - E(C) \right| \tag{7.2}$$

式中，u_C为虚拟机的 CPU 使用率；u_{high}为预先设定的 CPU 使用率的高阈值，通常设置在 0.8～0.85；$E(C')$表示虚拟机迁移至目标节点后，目标节点根据效用函数 1 计算所得到的值；$E(C)$表示虚拟机在源节点中效用函数 1 的值；$|\Delta E(C)|$表示效用函数 1 的变化量。

效用函数 2：用于反映目标物理节点上 CPU、内存、网络带宽资源的使用率对迁移的影响。

$$E(r) = (1 - U_{cpu}^2)(1 - U_{memory}^2)(1 - U_{bw}^2) \tag{7.3}$$

$$|\Delta E(r)| = |E(r^1) - E(r)| \tag{7.4}$$

式中，U_{cpu}、U_{memory}、U_{bw}分别为物理主机的 CPU 使用率、内存使用率和带宽使用率；$E(r^1)$表示虚拟机迁移至目标节点后，目标节点根据效用函数 2 计算所得到的值；$E(r)$表示虚拟机在源节点中效用函数 2 的值；$|\Delta E(r)|$表示效用函数 2 的变化量。

其次，确定目标主机选择策略。给定一个备选方案集合 $P = \{p_i \mid i = 1, 2, \cdots, n\}$（$p_i(i = 1, 2, \cdots, n)$表示可以接收待迁移虚拟机的目标物理机的集合）和标准条件集合 $Q = \{q_j \mid j = 1, 2, \cdots, m\}$（$q_j(j = 1, 2, \cdots, m)$表示迁移过程中用于选择目标主机的标准集合，一共包括两个度量标准，即虚拟机的 CPU 使用率与目标物理主机上资源利用率），以及权重集合 $W = \{w_j \mid j = 1, 2, \cdots, m\}$。得到评价矩阵

$$X = \begin{bmatrix} x_{11} & x_{12} & \cdots & x_{1m} \\ x_{21} & x_{22} & \cdots & x_{2m} \\ \vdots & \vdots & & \vdots \\ x_{n1} & x_{n2} & \cdots & x_{nm} \end{bmatrix} \tag{7.5}$$

式中，x_{ij}表示虚拟机迁移到 p_i节点上时，属性 q_j所对应的效用函数值的变化量 $|\Delta E(C)|$和$|\Delta E(r)|$。

对 X 进行标准化处理得到矩阵 R，使上述两个度量标准具有相同的值域[0,1]。

$$R = \begin{bmatrix} r_{11} & r_{12} & \cdots & r_{1m} \\ r_{21} & r_{22} & \cdots & r_{2m} \\ \vdots & \vdots & & \vdots \\ r_{n1} & r_{n2} & \cdots & r_{nm} \end{bmatrix} \tag{7.6}$$

式中，$r_{ij}(x) = (x_j^- - x_{ij})(x_j^- - x_j^+)$，$x_j^- = \min_i x_{ij}$，$x_j^+ = \max_i x_{ij}$。

W 与 R 进行加权计算，得到加权矩阵 V。

$$V = \begin{bmatrix} w_1 r_{11} & w_2 r_{12} & \cdots & w_m r_{1m} \\ w_1 r_{21} & w_2 r_{22} & \cdots & w_m r_{2m} \\ \vdots & \vdots & & \vdots \\ w_1 r_{n1} & w_2 r_{n2} & \cdots & w_m r_{nm} \end{bmatrix} = \begin{bmatrix} v_{11} & v_{12} & \cdots & v_{1m} \\ v_{21} & v_{22} & \cdots & v_{2m} \\ \vdots & \vdots & & \vdots \\ v_{n1} & v_{n2} & \cdots & v_{nm} \end{bmatrix} \tag{7.7}$$

式中，$\sum_{j=1}^{m} w_j = 1$。

然后，计算 PIS 和 NIS 值，计算方法如下：

$$\text{PIS} = V^+ = \{(\max_i v_{ij} \mid j = 1,2,\cdots,m) \mid i = 1,2,\cdots,n\} = \{v_1^+(x), v_2^+(x), \cdots, v_m^+(x)\} \quad (7.8)$$

$$\text{NIS} = V^- = \{(\min_i v_{ij} \mid j = 1,2,\cdots,m) \mid i = 1,2,\cdots,n\} = \{v_1^-(x), v_2^-(x), \cdots, v_m^-(x)\} \quad (7.9)$$

通过计算欧氏距离，得到各个备选节点 p_i 与 PIS 和 NIS 之间的距离值分别为

$$S_i^+ = \sqrt{\sum_{j=1}^{m} (v_{ij} - v_j^+)^2}, \quad i = 1,2,\cdots,n \quad (7.10)$$

$$S_i^- = \sqrt{\sum_{j=1}^{m} (v_{ij} - v_j^-)^2}, \quad i = 1,2,\cdots,n \quad (7.11)$$

下一步，计算各节点到理想解的相似度。

$$\text{RS}_i = \frac{S_i^-}{S_i^- + S_i^+}, \quad i = 1,2,\cdots,n \quad (7.12)$$

式中，$\text{RS}_i \in [0,1]$。将 RS_i 进行排序来选择最优备选方案的目标主机，RS_i 值越大，表明该方案离 NIS 越远，离 PIS 越近。

7.3.4　方案实现

基于方案设计，本节对 H-Gmig 的实现过程进行描述，包括 MA 实现、存储模块工作过程、迁移模块工作过程，以及虚拟机迁移流程。

1. MA 实现

MA 的底层数据存储服务利用哈希图的 API 进行信息存储和传输。用户需要在 Hedera 官方网站注册账号，并申请用户 ID、公钥和密钥才能使用 SDK 调用 API 进行二次开发。

在 Hedera Hashgraph 中，用户对 API 的一次调用称为交易，交易记录通常包括如下信息。

（1）节点账户：在本书中便是各个数据中心的 MA 唯一标识。

（2）交易标识符：交易标识符由交易账户标识符和时间戳组成，代表该交易的唯一标识。

（3）有效期限：时间单位为 s，代表该交易自开始时间起的有效秒数。

（4）备注：最多包含 100 个字节，可选。

（5）交易：请求类型、文件管理、共识服务等。

数据中心的 MA 进行镜像散列信息共享时，首先申请构建交易，然后哈希图社区检查申请信息并将交易添加到发布队列中，利用八卦协议发布到哈希图社区中达

成共识。待交易提交之后,哈希图社区会为 MA 提供确认凭证供用户查询交易节点状态和共识状态。确认凭证包括如下信息。

(1)收据:收据信息中包括交易是否已经成功受理和共识状态。

(2)记录:记录包括的信息更加详细,如哈希图社区中节点接收到交易的时间戳和共识的详细结果,记录是没有时间限制的。

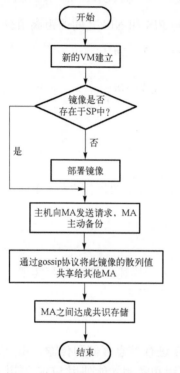

图 7.12　MA 存储模块中镜像备份的工作流程

2. 存储模块工作过程

MA 存储模块中镜像备份的工作流程如图 7.12 所示。虚拟机的创建请求可称为一次事件。当有新的虚拟机(VM)建立时,需要将镜像上传至 SP,该基本镜像在其生命周期内都设置为只读,对基本镜像的修改则存放到 UD 层。同时,MA 存储模块存放基本镜像的备份。

详细过程如下所示。

步骤 1:主机中创建了一台新的虚拟机,记为一次事件。

步骤 2:查看本地镜像存储池中否有相应的基本镜像,若不存在,则将镜像部署到 SP 中,MA 主动将该镜像备份至存储模块中;若存在,则转至步骤 3。

步骤 3:MA 查询此镜像的散列值,为该镜像散列值附加新的备注信息(备份时间及镜像所属虚拟机等)。

步骤 4:通过八卦协议将镜像散列值及相关信息在 MA 之间进行传播。

步骤 5:就本次事件的内容在哈希图社区中达成一致,各 MA 节点更新本地哈希图。

图 7.12 所述的工作流程中关键的一步即为步骤 4,通过八卦协议对镜像的散列值进行传播,其详细过程如图 7.13 所示。

数据中心表示为 $D = \{D_a, D_b, D_c, D_d, D_e, D_f\}$,其中元素分别为每个数据中心的事件 $E = \{p, h, t, d, s\}$,p 表示交易信息列表,这里指的是主机中有新的虚拟机出现,h 表示 parent(E) 及 self_parent(E) 的哈希值,t 指的是当前建立事件的时间戳,d 表示创建成员 ID,s 表示该事件的数据签名。假定数据中心 B 中有新的虚拟机镜像散列要被存储,为事件③,数据中心将事件③随机传播给数据中心 A,数据中心 A 创建新事件②记录此次八卦过程,事件②将附带事件内容及 parent(E)(事件③)和 self_parent(E)(事件①)的哈希值 h、时间戳 t、数据中心 A 的签名 s 等。数据中心 A

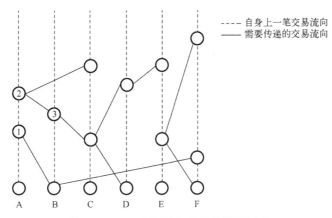

图 7.13　MA 之间八卦信息的详细过程

再随机反复地将事件告诉其他数据中心，这样，各数据中心在本地进行虚拟投票达成数据中心间的共识，内容更新信息存储在哈希图各节点的数据库（即 MA 的存储模块）中。Merkle DAG 结构如图 7.14 所示。

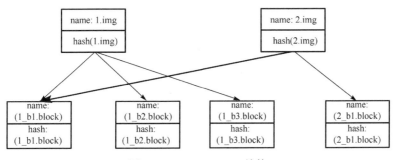

图 7.14　Merkle DAG 结构

假设两个镜像文件，1.img 和 2.img。存储时首先对镜像数据进行分块。1.img 被分割为 m 个文件块，计算这些数据块的哈希值并进行存储。2.img 被分割为 n 个文件块，然而第一个文件块的哈希值与文件块 1_bl.block 的哈希值相同，于是两个镜像共享该文件块散列（如图 7.14 中粗线所示），以此便形成了一个有向无环图。由于内容相同的数据块哈希值是相同的，使用 Merkle DAG 结构对镜像散列值进行存储，其本身就是去重的，因此 Merkle DAG 最大化地共享了重复数据。此外，Merkle DAG 基于内容寻址，因此查询哈希图记录就可以得到镜像信息之间的不同散列。综上，使用哈希图可以实现虚拟机镜像散列的去重存储，迁移虚拟机时不必再对镜像数据进行重复数据删除操作。

3.　迁移模块工作过程

本节为虚拟机引入预迁移过程，即迁移开始前，为待迁移虚拟机选择好相应的目标主机，并确认需要传送的镜像数据。

1）目标主机选择过程

根据虚拟机资源使用情况与目标节点可用资源的匹配程度来选择接收虚拟机的目标节点。目标节点选择流程图如图 7.15 所示。具体步骤如下所示。

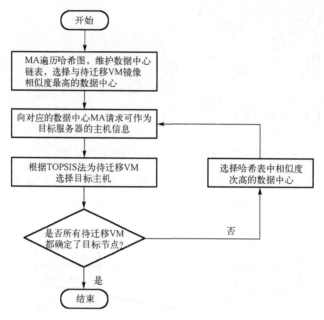

图 7.15　目标节点选择流程图

步骤 1：MA 遍历哈希图，查找各数据中心镜像与当前待迁移虚拟机镜像的相似度，并维护相应哈希表以相似度递减的顺序存放各数据中心物理服务器的相关信息。本书中该哈希表存放三个数据中心相似度信息。

步骤 2：按顺序向哈希表中各数据中心发送请求，首先虚拟机所在数据中心 MA 向哈希表中第一个数据中心中 MA 请求通信，请求其提供备选服务器相关的可用资源信息，如 CPU 利用率、内存利用率和带宽利用率。

步骤 3：虚拟机所在数据中心 MA 收到各备选服务器的资源信息后，通过 TOPSIS 法为待迁移虚拟机选择一个合适的目标节点。目标节点选择完成后，需要更新该节点可用资源大小，供其他待迁移虚拟机选择。

步骤 4：检查当前所有待迁移虚拟机是否都已找到目标节点，若已找到目标节点，则结束选择；若没有找到目标节点，即当前数据中心没有可供迁移的目标节点，则请求与下一数据中心通信，为未找到目标节点的虚拟机再次寻找新的目标节点，直到所有待迁移虚拟机都找到相应的目标节点。

2）预迁移过程

迁移模块为虚拟机选择好目标节点后，由云平台向目标节点提出跨数据中心迁移请求。预迁移过程开始，MA 需要对传输的镜像数据进行确认。迁移请求过程如图 7.16 所示。

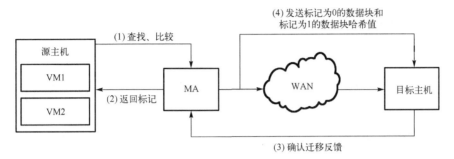

图 7.16 迁移请求过程

步骤 1：源主机收到迁移请求后，先向本地 MA 发送查询请求，MA 遍历哈希图底层文件，将待迁移虚拟机的镜像散列与目标数据中心已存在的散列进行比较。

步骤 2：为待迁移虚拟机的镜像散列的每个块创建一个临时标志位来存放重复信息，若与目标数据中心已有的镜像散列重复，则将虚拟机镜像中的该块标记为 1，否则标记为 0，向源主机发送标记结果和两者之间的相似度信息。

步骤 3：主机将标记结果及相似度信息反馈给目标主机，得到目标主机的确认信号后，再进行迁移；至此，预迁移过程完成。

步骤 4：迁移开始后，由目标主机从源数据中心 MA 中下载步骤 2 中被标识的镜像元数据等信息。

4. 虚拟机迁移流程

在 H-Gmig 中，迁移虚拟机时首先传输存储数据，然后传输内存数据。基本镜像和用户数据并行迁移。跨数据中心虚拟机迁移过程如图 7.17 所示。

详细步骤如下所示。

步骤 1：基本镜像迁移。如图 7.16 步骤 4 所述的迁移操作，相似度越高，迁移的数据越少，迁移效率越高，理想情况为目标数据中心与源数据中心有着相同的基本镜像。

步骤 2：用户数据迁移。由于用户在 UD 层可写，用户的写操作和迁移过程中的读操作必须适当协调，以确保目标站点的数据正确性。为了避免通过协调算法输入新的开销，本书使用快照的方式完成对用户数据的迁移。

在迁移过程中，步骤 1 和步骤 2 同时进行。

步骤 3：内存数据迁移。在完成用户数据传输后，内存数据以预复制方式[56]迁移。

步骤 4：切换。当迭代副本满足结束阈值时，虚拟机在源站点暂停并在目标站点恢复，释放源站点的资源。

至此，一次完整的跨数据中心虚拟机动态迁移操作完成。

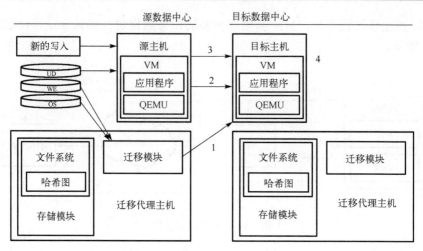

图 7.17　跨数据中心虚拟机迁移过程

　　虚拟机所在的新数据中心的物理主机会将此虚拟机的出现记为一次事件。与此同时，源数据中心 MA 仍然为被迁移的虚拟机保留其镜像副本，有利于提高该虚拟机被迁回源数据中心时的效率。但是，考虑到存储被迁走的虚拟机的镜像大量保留所带来的存储开销，可在迁移时根据其迁回的概率来决定是否保留当前镜像，或者定期清除规定时间内没有被迁移回来的镜像。

7.3.5　性能分析

　　为了评价方案的性能，引入相关性能指标，并对方案进行实验分析，根据实验的结果得出结论。包括跨数据中心单个虚拟机动态迁移和多个虚拟机动态迁移两种情况下的性能分析。

　　1. 实验环境搭建

　　实验模拟了三个包含多个服务器和虚拟机的数据中心，每个服务器的 CPU 主频为 3.6GHz，RAM 为 16GB，数据中心之间以 1GB 交换机（SW1、SW2 和 SW3）连接。半虚拟化环境配置为 1 个拥有虚拟 CPU 和 1GB 内存的虚拟机，运行内核为 3.13.0 的 Ubuntu（包含虚拟机模块），QEMU 版本为 2.0.0。实验拓扑如图 7.18 所示。其中，虚线表示同一数据中心内主机间的数据通信链路，实线表示数据中心间底层网络数据通信链路。主机 1、主机 2 和主机 3 分别位于不同的数据中心。

　　采用本章提出的 H-Gmig 方案来进行实验。所有测试进行 5 次，取平均值作为最终结果。

　　实验中使用 4KB 作为数据块固定大小来对虚拟机镜像进行分块。迁移的虚拟机之间基本镜像的相似度表示为 (m, n)，m 与 n 分别表示三层镜像结构下迁移的虚拟机的 OS 镜像和 WE 镜像之间的相似度。在目标站点生成相同的块以模拟不同的相

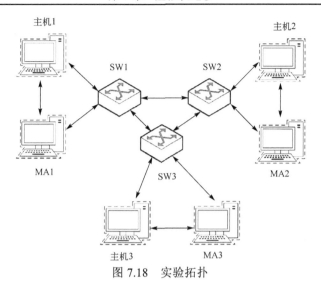

图 7.18　实验拓扑

似度。实验分别在 (5%, 5%)、(20%, 20%)、(40%, 40%)、(60%, 60%) 的相似度下进行。对 4 种不同的工作负载情况下的总迁移时间和网络流量进行测试。

(1) Idle：虚拟机为闲置状态，这类虚拟机作为本实验的基准。

(2) 静态 Web 应用程序：该虚拟机拥有静态 Web 应用程序，用户在该 Web 服务中迭代下载文件，直至迁移结束，以此来保证 Web 服务在迁移过程中持续运行。

(3) 动态 Web 应用程序：TPC-W 正在该虚拟机上运行。TPC-W 是一项交易性网络电子商务网站，与静态 Web 应用程序相比，动态 Web 应用程序需要处理服务器逻辑，会占有一定比例的 CPU 和更多的内存。

(4) Compilation：Linux 的 4.8.1 版本内核程序在此虚拟机中编译，这是一个 CPU 密集型应用程序。Web 服务是 I/O 密集型应用，本实验测试 CPU 密集型应用在虚拟机迁移中的效果。

2. 性能指标

衡量一个迁移策略的好坏，不仅要看这个策略是否可以将虚拟机从一个地方快速地移动到另一个地方，还要观察在迁移过程中是否将迁移过程本身给虚拟机带来的影响最小化。以下为评估迁移策略性能的一些指标。

(1) 总迁移时间：指的是从迁移过程启动开始到被迁移的虚拟机在目标服务器上恢复运行的时间差。

(2) 停机时间：被迁移的虚拟机停止服务的持续时间。对于静态迁移而言，总迁移时间与停机时间相等。这个度量标准指的是迁移过程对用户的透明程度。

(3) 服务降级：指在被迁移的虚拟机中运行的应用程序和服务的性能受迁移过程影响的程度。

(4)总网络流量：表示迁移期间传输的总数据量。当迁移的虚拟机运行网络密集型服务时，网络密集型服务将与迁移过程争用网络带宽，此时，需要用总网络流量来衡量迁移过程的性能。

一个好的迁移策略，应尽可能地减少总迁移时间和停机时间，耗费尽可能少的网络流量，并将迁移过程对被迁移虚拟机上应用程序的性能影响尽可能地降至最低。本节主要以总迁移时间和总网络流量两个指标来对迁移的效率进行评价。

另外，迁移过程本身还将带来一些开销，这些开销可以分为三类：计算开销、存储开销和网络开销。本节主要致力于减少迁移过程中的计算开销。

(1)计算开销：如重复数据删除、数据压缩技术等一些迁移优化技术，为迁移过程引入了计算开销。如果迁移后的守护进程继续在被迁移的虚拟机中运行，那么该守护进程也会占用虚拟机的一些计算资源。

(2)存储开销：如快照技术等迁移方式将以存储空间为代价来实现迁移或提高迁移性能。虽然存储空间的价值较低，但也被视为一种开销。

(3)网络开销：虚拟机迁移进程将与源主机和目标主机上运行的其他虚拟机竞争网络资源。此外，在迁移过程中，当虚拟机需要从源站点的存储系统读取数据，并将这些数据写入目标站点时，也会消耗一部分网络带宽。

3. 单个虚拟机迁移实验

如图 7.19 所示，从模拟实验结果中可以看出，当相似度为(5%,5%)时，H-Gmig 也可以保持较低的总迁移时间，这说明本章的加密传输策略没有带来额外的性能开销。

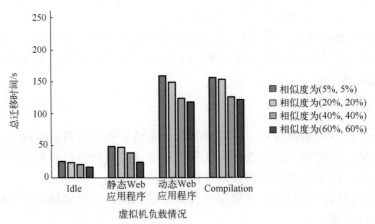

图 7.19　不同相似度下单次虚拟机迁移所需的总迁移时间

H-Gmig 在四种不同的相似度下均保持较低的总迁移时间，这归功于哈希图的快速共享机制,虚拟机建立后迅速地将本地共享池的镜像散列与全网其他节点共享，并且利用基于 Merkle DAG 内容寻址分布式框架进行存储，从而在迁移时对重复数据计算进行了优化, 得到了去重效果较好的镜像散列数据, 加快了迁移的进程。此外, 分布式的点对点文件传输分担了各个链路的压力。尤其是在计算密集型的虚拟机迁移这种网络负载略重的情况下, 点对点的文件传输方式相比于 C/S 架构的传输方式, 优势也十分明显。

H-Gmig 实现了基本镜像和用户数据的并行传输。且无论在哪种网络负载下, 随着镜像之间的相似度的增高, 单个虚拟机迁移所需的时间越来越短。

4. 多个虚拟机迁移实验

本节展示了五台虚拟机同时进行迁移的模拟实验结果, 实验只测试了相似度为 (5%, 5%) 和 (40%, 40%) 两种情况下的总迁移时间与网络流量, 结果如图 7.20 和图 7.21 所示, H-Gmig 的性能优势得到了充分的体现, 在多虚拟机迁移的情况下, H-Gmig 将负载均摊于全网, 从而实现较好的迁移性能。

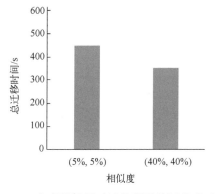

图 7.20 多虚拟机同时迁移所需的迁移总时间   图 7.21 多虚拟机迁移的网络流量

7.3.6 性能改进和开销

本节分析本章提出 H-Gmig 方案的性能改进, 由于基于哈希图的分布式镜像信息存储在本质上是一种空间换时间的做法, 因此本节还将分析 H-Gmig 方案引入哈希图技术后所带来的时间开销和存储开销。

1. 性能改进

首先, 分析重复数据删除对虚拟机存储数据迁移的影响。本书中将数据分成固定大小的块来对重复数据删除的弊端进行分析。表 7.1 列出了与重复数据删除相关的参数。

重复数据删除的存储数据总迁移时间为

$$T = \frac{D - D_d}{S} + t_{d1} + t_{d2} + t_{d3} \tag{7.13}$$

表 7.1　与重复数据删除相关的参数

符号	描述
T	存储数据的总迁移时间
S	数据中心间的网络带宽
D	待迁移虚拟机的总镜像大小
n	镜像分块数量
D_f	每一个数据块的散列值
D_d	计算所得的重复数据的大小
t_{d1}	计算镜像散列的时间
t_{d2}	重复数据删除的时间
t_{d3}	站点间传输散列的时间

式(7.13)又可以表示为

$$T = \frac{D}{S} + \left(t_{d1} + \frac{nD_f}{S} + t_{d2} - \frac{D_d}{S} \right) \tag{7.14}$$

式中，D 为待迁移虚拟机的总镜像大小；S 为数据中心间的网络带宽；D/S 为传输全部镜像数据的时间；nD_f 是镜像分块后的总散列大小，对 nD_f 的计算需要在源主机进行；D_d 为重复数据的大小。D_d 的计算需要在目标主机执行，迁移双方收到迁移请求后必将会为 nD_f 和 D_d 的计算分配资源。因此应尽可能地减少源主机上计算镜像散列的时间 t_{d1} 和目标主机上计算重复数据删除的时间 t_{d2}。虚拟机迁移过程将与运行在同一主机上的虚拟机竞争带宽资源，同时，重复数据删除将占用一部分 CPU 和内存资源，这些中断在整个迁移过程中均匀分布。重复数据删除的效果通过 $t_{d1} + nD_f / S + t_{d2} - D_d / S$ 进行权衡，只有当 $t_{d1} + nD_f / S + t_{d2} < D_d / S$ 时，重复数据删除才能对虚拟机迁移做出贡献。在两个特定的数据中心之间的网络带宽 S 是不变的，因此，使用重复数据删除时必须使得 $t_{d1} + nD_f / S + t_{d2}$ 尽可能地小，而 D_d 尽可能地大。

在 H-Gmig 中，虚拟机建立之时便已经由 MA 计算并保存好镜像的散列值，并且使用哈希图技术可以将网络中所有的镜像散列保存在 Merkle DAG 结构中，从而使虚拟机得到迁移请求后通过查询 MA 的存储模块就能得到需要传输的镜像数据。因此，在 H-Gmig 中，镜像迁移的总时间 T_1 变为

$$T_1 = \frac{D}{S} + \left(\frac{n_1 D_f}{S} - \frac{D_d}{S} \right) \tag{7.15}$$

相较于式(7.14)，T_1 省去了在源物理主机上对待迁移的虚拟机镜像进行散列计算的时间 t_{d1} 和在目标主机进行重复数据删除的时间 t_{d2}。另外，n_1 为实际发送的散列块数量，$n - n_1 \geqslant 0$。这是因为迁移双方之间可能存在相同的数据块，而 H-Gmig 中源主机只会发送目标站点没有的数据块的指纹信息来进行正式迁移前的准备工作。

上述两个式子进行比较:

$$\Delta T = T - T_1 = \frac{(n-n_1)D_f}{S} + t_{d1} + t_{d2} \geqslant t_{d1} + t_{d2} > 0 \tag{7.16}$$

在式(7.16)中,无论何种情况下 ΔT 都大于或等于 $t_{d1} + t_{d2}$。这是因为 H-Gmig 基于哈希图的分布式镜像存储使迁移双方在迁移时不需要进行重复数据删除,就能对虚拟机哪些镜像数据块需要被传输迅速准确地达成一致,从而减少了总迁移时间。

假定某镜像分成 n 块,每块大小为 B_0(最后一块除外),使用 SHA-1 加密散列函数计算每个数据块散列值 D_f,计算中镜像散列的时间 t_{d1} 和重复数据删除的时间 t_{d2} 大小固定,n_1 大小不能确定。图 7.22 为 n_1 与 ΔT 的关系,理想情况下 n_1 为 0,即迁移所需的镜像在目标站点均已具备,n_1 与 ΔT 呈线性关系,n_1 越大,则 ΔT 越小。ΔT 越大,则 H-Gmig 的迁移效率越高。

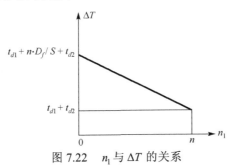

图 7.22　n_1 与 ΔT 的关系

2. 时间开销

H-Gmig 的时间开销主要可以体现在以下两个方面。

1)哈希图共识开销及其对迁移过程的影响

跨数据中心迁移虚拟机时要考虑距离的影响。本次实验模拟了不同距离的 3 台服务器,每台服务器的 CPU 主频为 3.6GHz,RAM 为 16GB。对哈希图的官方 SDK 加以改进并进行 100 次共识实验测试,分别记录了最大共识时间、最小共识时间和平均共识时间,实验结果如表 7.2 所示。

表 7.2　不同距离下的共识时间

距离/km	最大共识时间/s	最小共识时间/s	平均共识时间/s
10	0.057	0.011	0.019
1000	0.751	0.138	0.590
3000	1.654	0.548	1.050

距离相同时,共识时间存在波动,这种波动性是由八卦协议随机性造成的。随

着距离的增大，平均共识时间有所增加，但增幅并不大。

　　实验还模拟了不同距离下的共识时间对虚拟机迁移时间的影响，实验条件设置同 7.3.5 节中的实验环境搭配所述。选取负载状态为 Idle 且基本镜像相似度为(5%, 5%)的虚拟机进行测试。实验结果如表 7.3 所示。

表 7.3　不同距离下的总迁移时间和共识时间对比

距离/km	10	1000	3000
总迁移时间/s	25.52	26.84	27.03
共识时间/s	0.032	0.261	0.751

　　随着数据中心之间距离的增加，哈希图达成共识的时间与虚拟机的迁移时间均有所增加。3 种距离下，共识时间占总迁移时间的比例分别为 0.125%、0.972%、2.778%，与虚拟机的总迁移时间相比，哈希图达成共识的时间开销很小。

　　2)MA 的时间开销

　　H-Gmig 中虚拟机开始迁移时，源数据中心的 MA 需遍历本地哈希图副本，查找哈希图中其他可以向目标数据中心传输镜像的 MA，并与其进行通信。虽然 H-Gmig 增加了 MA 之间的通信成本，但是 H-Gmig 节省了迁移过程中对镜像进行重复数据删除的时间开销。无论是单一虚拟机迁移还是多虚拟机迁移过程，H-Gmig 的总迁移时间都保持了最低开销。

　　3. 存储开销

　　使用 SHA-1 加密散列函数将每 4KB 的镜像数据块映射成大小为 20B 的散列值，其大小至少减少至 1/200。H-Gmig 中，各 MA 的哈希图副本中存放数据中心基本镜像数据的散列。H-Gmig 中最主要的存储开销为本地镜像存储池中的基本镜像在 MA 中的备份。

7.4　本 章 小 结

　　本章首先介绍了基于哈希图的跨数据中心虚拟机动态迁移方案 H-Gmig 的总体架构设计。其次进行方案分析，与现有工作对比，分析 H-Gmig 方案的优点。最后介绍了 H-Gmig 方案中，迁移代理主机的主要功能，并介绍了其存储模块和迁移模块。

　　本章通过相关实验对基于哈希图的跨数据中心虚拟机动态迁移方案的有效性进行评价。首先通过与跨数据中心虚拟机动态迁移现有方案进行对比，无论是在单个虚拟机动态迁移的场景下还是多个虚拟机动态迁移场景下，H-Gmig 的性能指标(总迁移时间和总网络流量)均保持较好的性能。其次验证了 H-Gmig 方案中基于 Merkle

DAG 的镜像散列存储相比于现有方案中重复数据删除计算，具有更高的效率和去重效果。最后分析了 H-Gmig 方案中引入哈希图技术所带来的开销，验证了哈希图达成共识的时间对迁移过程的影响很小，哈希图中镜像散列值的存储为数据中心引入的存储开销也很小。

参 考 文 献

[1] 王国峰，刘川意，潘鹤中，等．云计算模式内部威胁综述[J]．计算机学报，2017，40(2)：296-316.

[2] 周悦芝，张迪．近端云计算：后云计算时代的机遇与挑战[J]．计算机学报，2019，42(4)：677-700.

[3] 中国信息通信研究院．云计算发展白皮书[R/OL]．https://www.caict.ac.cn/kxyj/qwfb/bps/202207/P020220121643085625934.pdf [2022-07-18].

[4] 田俊峰，张永超．基于改进期望值决策法的虚拟机可信审计方法[J]．通信学报，2018，39(6)：52-63.

[5] Varghese B, Buyya R. Next generation cloud computing: New trends and research directions[J]. Future Generation Computer Systems, 2018, 79(3): 849-861.

[6] 叶可江，吴朝晖，姜晓红，等．虚拟化云计算平台的能耗管理[J]．计算机学报，2012，35(6)：190-213.

[7] 王巍，罗军舟，宋爱波．基于动态定价策略的数据中心能耗成本优化[J]．计算机学报，2013，36(3)：145-158.

[8] Schultz D, Adriaens J, Arefin A, et al. Andromeda: Performance, isolation, and velocity at scale in cloud network virtualization[C]. Proceedings of the 15th USENIX Symposium on Networked Systems Design and Implementation, Renton, 2018: 373-387.

[9] 张翔，霍志刚，马捷，等．虚拟机快速全系统在线迁移[J]．计算机研究与发展，2012，49(3)：661-668.

[10] Noshy M, Ibrahim A, Ali H A. Optimization of live virtual machine migration in cloud computing: A survey and future directions[J]. Journal of Network and Computer Applications, 2018, 110(15): 1-10.

[11] Zhang F, Fu X M, Yahyapour R. A survey on virtual machine migration: Challenges, techniques, and open issues[J]. IEEE Communications Surveys and Tutorials, 2018, 20(2): 1206-1243.

[12] Kashyap S. An enhanced approach to live migration of virtual machines[D]. Hyderabad: International Institute of Information Technology, 2014.

[13] Clark C, Fraser K, Hand S, et al. Live migration of virtual machines[C]. Proceedings of the 2nd Symposium on Networked Systems Design and Implementation, Boston, 2005.

[14] Nelson M, Lim B H, Hutchins G. Fast transparent migration for virtual machines[C]. USENIX Annual Technical Conference, General Track, Anaheim, 2005: 391-394.

[15] Ibrahim K Z, Hofineyr S A, Iancu C, et al. Optimized pre-copy live migration for memory intensive applications[C]. Conference on High Performance Computing Networking, Storage and Analysis, Seattle, 2011.

[16] Wu T Y, Guizani N, Huang J S. Live migration improvements by related dirty memory prediction in cloud computing[J]. Journal of Network and Computer Applications, 2017, 90: 83-89.

[17] Hines M R, Gopalan K. Post-copy based live virtual machine migration using pre-paging and dynamic self-ballooning[C]. Proceedings of the 5th International Conference on Virtual Execution Environments, Washington, 2009.

[18] Jin H, Deng L, Wu S, et al. Live virtual machine migration with adaptive, memory compression[C]. 2009 IEEE International Conference on Cluster Computing and Workshops, New Orleans, 2009: 1-10.

[19] Jin H, Deng L, Wu S, et al. MECOM: Live migration of virtual machines by adaptively compressing memory pages[J]. Future Generation Computer Systems, 2014, 38 (1): 23-35.

[20] Paul R W, Scott F K, Yannis S. The case for compressed caching in virtual memory systems[C]. Proceedings of the General Track of the Annual Technical Conference on USENIX, Monterey, 1999: 101-116.

[21] Pujara H D, Sharma M. Loss less real-time data compression based on LZO for steady-state Tokamak DAS[J]. Fusion Engineering and Design, 2008, 83 (2/3): 363-365.

[22] Hacking S, Hudzia B. Improving the live migration process of large enterprise applications[C]. Proceedings of the 3rd International Workshop on Virtualization Technologies in Distributed Computing, Reno, 2009: 51-58.

[23] Patel M, Chaudhary S, Garg S. Improved pre-copy algorithm using statistical prediction and compression model for efficient live memory migration[J]. International Journal of High Performance Computing and Networking, 2018, 11 (1): 55-65.

[24] Zhang X, Huo Z, Ma J, et al. Exploiting data deduplication to accelerate live virtual machine migration[C]. 2010 IEEE International Conference on Cluster Computing, Heraklion, 2010: 88-96.

[25] Gerofi B, Vass Z, Ishhiawa Y. Utilizing memory content similarity for improving the performance of replicated virtual machines[C]. Proceedings of the 4th IEEE International Conference on Utility and Cloud Computing, Washington, 2011: 73-80.

[26] Riteau P, Morin C, Priol T. Shrinker: Efficient live migration of virtual clusters over wide area networks[J]. Concurrency and Computation Practice and Experience, 2013, 25 (4): 541-555.

[27] Riteau P, Morin C, Priol T. Shrinker: Improving live migration of virtual clusters over WANs

with distributed data deduplication and content-based addressing[C]. European Conference on Parallel Processing, Berlin, 2011: 431-442.

[28] Zhang Z, Xiao L, Zhu M, et al. Mvmotion: A metadata based virtual machine migration in cloud[J]. Cluster Computing, 2014, 17(2): 441-452.

[29] Gupta D, Lee S, Vrable M, et al. Difference engine: Harnessing memory redundancy in virtual machines[J]. Communications of the ACM, 2010, 53(10): 85-93.

[30] Li M, Zheng M, Hu X. Template-based memory deduplication method for inter-data center live migration of virtual machines[C]. 2014 IEEE International Conference on Cloud Engineering, Boston, 2014: 127-134.

[31] Zheng M, Hu X. Template-based migration between data centers using distributed hash tables[C]. 2015 12th International Conference on Fuzzy Systems and Knowledge Discovery, Zhangjiajie, 2015: 2443-2447.

[32] Ahmad R W, Gani A, Hamid S H A, et al. A survey on virtual machine migration and server consolidation frameworks for cloud data centers[J]. Journal of Network and Computer Applications, 2015, 52(C): 11-25.

[33] Ramakrishnan K K, Shenoy P, van der Merwe J. Live data center migration across WANs: A robust cooperative context aware approach[C]. Proceedings of the 2007 SIGCOMM Workshop on Internet Network Management, Kyoto, 2007: 262-267.

[34] Liu H, Jin H, Liao X, et al. Live migration of virtual machine based on full system trace and replay[C]. Proceedings of the 18th ACM International Symposium on High Performance Distributed Computing, Garching, 2009: 101-110.

[35] Liu H, Jin H, Liao X, et al. Live virtual machine migration via asynchronous replication and state synchronization[J]. IEEE Transactions on Parallel and Distributed Systems, 2011, 22(12): 1986-1999.

[36] Zhou R, Liu F, Li C, et al. Optimizing virtual machine live storage migration in heterogeneous storage environment[J]. ACM SIGPLAN Notices, 2013, 48(7): 73-84.

[37] Jayaram K R, Peng C, Zhang Z, et al. An empirical analysis of similarity in virtual machine images[C]. Proceedings of the Middleware 2011 Industry Track Workshop, Lisbon, 2011: 1-6.

[38] Xia W, Jiang H, Feng D, et al. Comprehensive study of the past, present, and future of data deduplication[J]. Proceedings of the IEEE, 2016, 104(9): 1681-1710.

[39] Zhang F, Fu X, Yahyapour R. LayerMover: Storage migration of virtual machine across data centers based on three-layer image structure[C]. 2016 IEEE 24th International Symposium on Modeling, Analysis and Simulation of Computer and Telecommunication Systems, London, 2016: 400-405.

[40] Zhang F, Fu X, Yahyapour R. CBase: A new paradigm for fast virtual machine migration across

data centers[C]. Proceedings of the 17th IEEE/ACM International Symposium on Cluster, Cloud and Grid Computing, Madrid, 2017: 284-293.

[41] Zhang F, Liu G, Zhao B, et al. CBase: Fast virtual machine storage data migration with a new data center structure[J]. Journal of Parallel and Distributed Computing, 2019, 124: 14-26.

[42] Bose S K, Brock S, Skeoch R, et al. CloudSpider: Combining replication with scheduling for optimizing live migration of virtual machines across wide area networks[C]. Proceedings of the 11th IEEE/ACM International Symposium on Cluster, Cloud and Grid Computing, Newport Beach, 2011: 13-22.

[43] Bose S K, Brock S, Skeoch R, et al. Optimizing live migration of virtual machines across wide area networks using integrated replication and scheduling[C]. 2011 IEEE International Systems Conference, Montreal, 2011: 97-102.

[44] Yang Y, Mao B, Jiang H, et al. SnapMig: Accelerating VM live storage migration by leveraging the existing VM snapshots in the cloud[J]. IEEE Transactions on Parallel and Distributed Systems, 2018, 29(6): 1416-1427.

[45] Wood T, Ramakrishnan K K, Shenoy P, et al. CloudNet: Dynamic pooling of cloud resources by live WAN migration of virtual machines[J]. ACM SIGPLAN Notices, 2011, 46(7): 121-132.

[46] Jiang X, Xu D. VIOLIN: Virtual internet working on overlay infrastructure[C]. International Symposium on Parallel and Distributed Processing and Applications, Berlin, 2004: 937-946.

[47] Nagin K, Hadas D, Dubitzky Z, et al. Inter cloud mobility of virtual machines[C]. Proceedings of the 4th Annual International Conference on Systems and Storage, Haifa, 2011: 1-12.

[48] Snoeren A C, Balakrishnan H. An end-to-end approach to host mobility[C]. Proceedings of the 6th Annual International Conference on Mobile Computing and Networking, New York, 2000: 155-166.

[49] Snoeren A C, Andersen D G, Balakrishnan H. Fine-grained failover using connection migration[C]. USENIX Symposium on Internet Technologies and Systems, Boston, 2001: 19.

[50] Force U S A. Analysis of the Intel Pentium's ability to support a secure virtual machine monitor[C]. Proceedings of the 9th USENIX Security Symposium, Berkeley, 2000: 1-10.

[51] Liu H, He B. VMbuddies: Coordinating live migration of multi-tier applications in cloud environments[J]. IEEE Transactions on Parallel and Distributed Systems, 2013, 26(4): 1192-1205.

[52] Baird L. The swirlds hashgraph consensus algorithm: Fair, fast, Byzantine fault tolerance[J/OL]. https://www.swirlds.com/downloads/SWIRLDS-TR-2016-01.pdf [2021-10-01].

[53] Demers A, Greene D, Hauser C, et al. Epidemic algorithms for replicated database maintenance[C]. Proceedings of the 6th Annual ACM Symposium on Principles of Distributed Computing, Vancouver, 1987: 1-12.

[54] Castro M, Liskov B. Practical Byzantine fault tolerance[J]. ACM Transactions on Computer Systems, 2002, 20(4): 389-461.

[55] Tzeng G H, Huang J J. Multiple Attribute Decision Making: Methods and Applications[M]. Boca Raton: Taylor and Francis Group, 2011.

[56] Clark C, Fraser K, Hand S, et al. Live migration of virtual machines[C]. Proceedings of the 2nd conference on Symposium on Networked Systems Design & Implementation, Boston, Massachusetts, 2005: 273-286.